ARCHIV FÜR GEFLÜGELZUCHT UND KLEINTIERKUNDE
9. BAND 1960

Jahresinhaltsverzeichnis 9. Band 1960

Inhaltsverzeichnis

Sachverzeichnis

Autorenverzeichnis

DEUTSCHE AKADEMIE
DER LANDWIRTSCHAFTSWISSENSCHAFTEN ZU BERLIN

ARCHIV
FÜR
GEFLÜGELZUCHT
UND
KLEINTIERKUNDE

Begründet als
„ARCHIV FÜR GEFLÜGELKUNDE"
im Jahre 1926
von Jan Gerriets

9. BAND · HEFT 1 · 1960

AKADEMIE-VERLAG · BERLIN

INHALTSVERZEICHNIS

Das Archiv für Geflügelzucht und Kleintierkunde erscheint in einzelnen Heften mit einem Umfang von je 5 Druckbogen. Die Hefte, die innerhalb eines Jahres herauskommen (6 Hefte), bilden einen Band. Das letzte Heft des Bandes enthält Inhalts-, Autoren- und Sachverzeichnis.
Es werden nur Manuskripte angenommen, die bisher noch in keiner anderen Form im In- oder Ausland veröffentlicht worden sind. Der Umfang soll nach Möglichkeit 1½ Druckbogen (etwa 35 Schreibmaschinenseiten) nicht überschreiten.
Die Autoren erhalten Fahnen- und Umbruchabzüge mit befristeter Terminstellung, bei deren Überschreitung durch den Autor von der Redaktion Imprimatur erteilt wird. In den Fällen, in denen die Lesung durch den Autor (Ausländer) auf sehr große Schwierigkeiten stößt oder sehr zeitraubend wäre, wird die Prüfung durch die Schriftleitung vorgenommen.

Jeder Autor erhält von der Akademie unentgeltlich 100 Sonderdrucke und ein Honorar von 40,— DM für den Druckbogen. Das Honorar schließt auch die Urheberrechte für das Bildmaterial ein. Dissertationen, auch gekürzte bzw. geänderte, werden nicht honoriert.
Jeder Arbeit muß vom Autor eine Zusammenfassung der wichtigsten Ergebnisse beigegeben werden. Sofern er in der Lage ist, soll er diese gleich übersetzt in russisch und englisch bzw. in einer dieser Sprachen liefern. Gegebenenfalls wird die Übersetzung in der Akademie vorgenommen.
Bezugspreis je Heft (etwa 80 Seiten) 5,— DM.
Herausgeber: Deutsche Akademie der Landwirtschaftswissenschaften zu Berlin. Chefredakteur: Prof. Dr. phil. Dr. agr. h. c. Dr. med. vet. h. c. Jan Gerriets, ehem. Direktor des Instituts für Kleintierzucht der Humboldt-Universität zu Berlin. Redaktion: Dr. G. Pritsch, Institut für Geflügel- und Pelztierzucht der Humboldt-Universität zu Berlin, Berlin N 4, Invalidenstraße 42. Verlag: Akademie-Verlag GmbH., Berlin W 1, Leipziger Straße 3—4. Fernruf 22 04 41. Postscheckkonto: Berlin 350 21. Bestell-Nr. dieses Heftes: 1041/IX/1. Veröffentlicht unter der Lizenz-Nr. ZLN 5006 des Ministeriums für Kultur, Hauptverwaltung Verlagswesen. Gesamtherstellung: VEB Druckerei „Thomas Müntzer" Bad Langensalza.

DEUTSCHE AKADEMIE
DER LANDWIRTSCHAFTSWISSENSCHAFTEN ZU BERLIN

ARCHIV
FÜR
GEFLÜGELZUCHT
UND
KLEINTIERKUNDE

Begründet als
„ARCHIV FÜR GEFLÜGELKUNDE"
im Jahre 1926 von Jan Gerriets

Schriftleiter
Prof. Dr. phil. Dr. agr. h. c. Dr. med. vet. h. c. Jan Gerriets
ehem. Direktor des Instituts für Kleintierzucht
der Humboldt-Universität Berlin

9. BAND · HEFT 1 · 1960

AKADEMIE-VERLAG · BERLIN

Aus dem Institut für Technische Mikrobiologie und Biochemie der Chemischen Fakultät in Bratislava (ČSR). Dir.: Prof. Dr. PAVEL NEMEC.

IVAN VELIKÝ

Experimenteller Beitrag zur Anwendung von Spurenelementkonzentraten in der Tierernährung

Eingegangen: 15. 9. 1959

Die verschiedenen Elemente, die im lebenden Organismus in Spurenmengen von 10^{-3} bis 10^{-6} %, u. U. bis 10^{-12} % vorkommen, werden auch als „Mineral-Vitamine" bezeichnet. Diese passende Bezeichnung erfaßt grundlegend die biologische Bedeutung und die Funktion der Spurenelemente im lebenden Organismus. Den Vergleich zwischen den Spurenelementen und Vitaminen können wir besonders vom Standpunkt der Funktion durchführen. Im gleichen Maße, wie sich ein Mangel oder ein Überschuß an Vitaminen durch Störungen des Organismus zeigt (Avitaminose oder Hypervitaminose), tritt auch ein Mangel oder ein Überschuß an Spurenelementen mit defizienten Anzeichen in Erscheinung. Auch in den enzymatischen Systemen zeigen sich Spurenelemente ebenso wie auch Vitamine in der Funktion von Katalysatoren und Aktivatoren oder als Kofermente, die an die Eiweißstoffe und dergleichen gebunden sind.

Vom Standpunkt ihrer biologischen Funktionen können wir die Spurenelemente in zwei Gruppen einteilen:

1. In die Gruppe der Spurenelemente, die spezifisch wirksam, d. h. unersetzlich sind.
2. In die Gruppe der Spurenelemente, die spezifisch nicht wirksam, d. h. ersetzbar sind.

In die erste Gruppe der Elemente gehören solche, die in ihren biologischen Funktionen nicht durch andere Spurenelemente zu ersetzen sind, in die zweite hingegen solche, die sich in ihren Funktionen gegenseitig vertreten können.

Vor allem ein Mangel oder Überschuß an Spurenelementen bei der spezifischen Wirkung hat einen ungünstigen Einfluß auf den physiologischen Zustand der Tiere. Im ungünstigsten Falle können diese Krankheitszustände ein Dahinsiechen der Tiere zur Folge haben. Gewöhnlich jedoch kommt es zu Störungen des physiologischen Zustandes, die äußerlich fast unkenntlich sind, sich aber nach Zugabe der Spurenelemente mit der Nahrung bessern.

In unseren Arbeiten, in denen wir uns mit der Frage der Ergänzung des Futters des Geflügels und anderer landwirtschaftlicher Nutztiere durch Spurenelemente befaßten, stellten wir fest, daß die Spurenelemente nicht in genügenden optimalen Mengen in unseren Futtermitteln enthalten sind. Daher erzielt man durch Zugabe einer geeigneten Mischung von Spurenelementen in die Nahrung der Versuchstiere eine Verbesserung des physiologischen Zustandes der Tiere, und ihre Nutzbarkeit wird erhöht.

Bei allen Versuchen benutzten wir neueingeführte biologisch wirksame Mischungen von Spurenelementen, die bei Überdosierung geringer toxisch waren als einzeln dosierte Spurenelemente und außerdem eine größere Möglichkeit der Spurenelementauswahl boten. Nur bei den Versuchen mit Geflügel benutzten wir unter gleichzeitiger Prüfung den Einfluß der Einzeldosierung des Spurenelements Kobalt.

Experimenteller Teil

1. Spurenelemente bei der Ernährung des Geflügels

Die Versuche mit dem Geflügel wurden in zwei Abschnitten durchgeführt und zwar in orientierenden Laboratoriumsversuchen und in halb betriebsmäßigen Versuchen. Beide Versuche sind gegenseitig miteinander verknüpft. Im ersten Teil der Laboratoriumsarbeiten standen 16 Gruppen mit je 20 eintägigen Küken der weißen

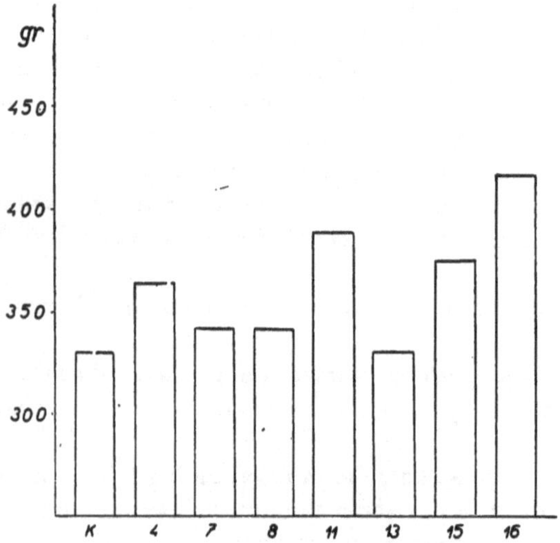

Abb. 1. Durchschnittliches Gewicht der Hühner der Kontroll- und Versuchsgruppe am Ende des Versuches

Leghorns im Versuch. Der Versuch dauerte 56 Tage. Dabei wurden nach 35 Tagen jene Gruppen ausgeschaltet, in denen sich die verabreichten Mengen von Spurenelementen auf Grund der beobachteten äußeren Merkmale, wie z. B. Gewichtsabnahme, Tod usw. als toxisch erwiesen. Demnach wurden am Ende des Versuches 8 Gruppen ausgewertet, von welchen eine Gruppe als Kontrollgruppe diente. Die Kontrollgruppe sowie auch alle Versuchsgruppen bekamen dieselbe Grundnahrung, dazu die Versuchsgruppen zusätzlich eine Beimischung von Spurenelementen mit Maisschrot, die 10% der täglichen Futtermenge bildete. Bei diesen Versuchen wurden hauptsächlich das Gewicht und die tägliche Zunahme, wie auch die Futterverwertung verfolgt. Die Ergebnisse in den einzelnen Gruppen wurden statistisch ausgewertet und sind signifikant. Im Verlaufe des Versuches wurde in der fünften Woche eine geschlechtsmäßige Differenzierung der Gruppen durchgeführt. Vor Beginn des eigentlichen Versuches wurde die nötige Vorbereitungsfütterung eingehalten. Die Beobachtung des Versuches erfolgte individuell (Abb. 1). Gruppe 1 fungierte als Kontrollgruppe und erhielt Grundfutter und in der ganztägigen Dosierung 10% Maisschrot. Gruppe 4 bekam ins Futter nur Kobalt in Form von $CoCl_2 \cdot 6\,H_2O$ in ansteigenden Mengen von 0,5 mg bis zu einer Menge von 1,2 mg Co/kg Lgw. Das Durchschnittsgewicht am Ende des Versuches war um 10% höher als bei der Kontrollgruppe. Gruppe 7 erhielt ins Futter dieselbe Dosierung des Kobalts wie Gruppe 4, jedoch mit dem Unterschied, daß vor Verabreichung das Maisschrot mit Kobaltbeigabe gegoren und nach der Gärung mit ultravioletten Strahlen bestrahlt wurde. Das Durchschnittsgewicht überstieg das der Kontrollgruppe nur um 3,8%. Gruppe 8 bekam eine erhöhte Dosierung von Kobalt und zwar von 0,5 mg bis 4 mg Co/kg Lgw., ebenfalls unter vorhergehender Gärung. Auch diese Gruppe war gewichtsmäßig um 3,8% stärker als die Kontrollgruppe. Die Mischung aus elf verschiedenen Spurenelementen MEZ-51 (Autor P. NEMEC)

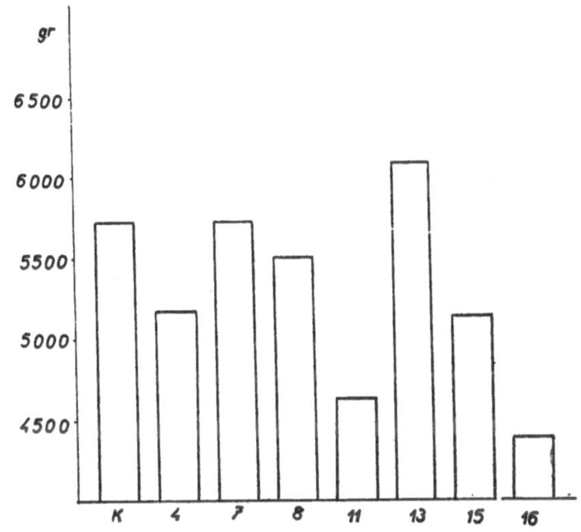

Abb. 2. Der Futtergebrauch in g/kg Gewichtszuwachs bei den Kücken

Fe, Cu, J, Mn, Mg, Zn, Co, Ni, Cr, Mo, F in der nach dem Calcium ausgerichteten Menge und zwar 1 g Ca auf 50 kg Lwg. erhielt die Gruppe 11. Das Gewicht am Ende des Versuches überstieg das Gewicht der Kontrollgruppe um 18%. Die Mischung MEZ-51 erhält auch die Gruppe 13, jedoch unter vorhergehender Gärung mit Maisschrot. Das Gewicht dieser Gruppe war am Ende des Versuches annähernd gleich mit dem der Kontrollgruppe. Gruppe 15 erhielt eine Beigabe der Mikroelemente ME-V (Autor I. VELIKÝ) mit einem Inhalt von fünf verschiedenen Spurenelementen: Co, Zn, Mn, Cu, Fe. Ihre Menge richtete sich nach der Menge des verabreichten Calciums. Die Dosierung erfolgte von 1 g bis 2,4 g auf 50 kg Lebendgewicht. Am Ende des Versuches betrug das Durchschnittsgewicht im Vergleich zur Kontrollgruppe 13% mehr. Die letzte Gruppe, die 56 Tage beobachtet wurde, war die Gruppe 16 mit einer Beimischung ME-V in einer Dosierung von 0,5 g bis 1,2 g Calcium auf 50 kg/Lgw. Die Mischung wurde vor der Verabreichung vergoren. Das Endgewicht war gegenüber der Kontrollgruppe um 26,6% höher. Der Futterverbrauch wurde in g/kg Gewichtszuwachs ausgedrückt (Abb. 2). Bei

Gruppe 16, die am Ende des Versuches das größte Gewicht aufwies, wurde gleichzeitig der niedrigste Futterverbrauch beobachtet. Er lag um 24% unter dem der Kontrollgruppe. Gruppe 11 (Mischung MEZ-51) lag mit dem Futterverbrauch um 19% niedriger, Gruppe 15 um 10,5%, Gruppe 4 um 10% und Gruppe 8 um 4,5%. Der niedrigere Futterverbrauch bei den Versuchsgruppen erklärt sich durch den günstigen Einfluß der Spurenelemente auf das enzymatische System des Verdauungstraktes der Tiere.

Den zweiten Abschnitt der Versuche mit Geflügel bildeten halb betriebsmäßige Versuche, wobei anfänglich 619 weiße Leghornküken benutzt wurden. Nach der Vorbereitungsperiode und nach der Geschlechtsbestimmung verblieben 253 Küken, die in fünf Gruppen zu je 50 Stück eingeteilt wurden. Der Gruppe 2 wurde im Futter Kobalt in Form von Kobaltchlorid in ansteigenden Mengen von 0,5 mg bis 1,0 mg Co/kg Lgw. beigegeben. In Gruppe 3 wurde die Mischung MEZ-51 in einer Menge von 1 g Ca/50 kg Lgw. verabreicht, in der Gruppe 4 die gegorene Form in der Mischung ME-V in einer Menge von 0,5 bis 1,0 g Ca auf 50 kg Lebendgewicht. Der letzten Gruppe wurde im Futter eine neue Mischung von Mikroelementen MEV-3a (Autor I. VELIKÝ) mit einem Inhalt von 18 verschiedenen Spurenelementen zugefüttert: Fe, Cu, Co, Zn, Si, Mn, Ni, V, Pb, Al, F, Ti, Br, J, Mo, Sr, B, Cr. Beobachtet wurden das Gewicht, die tägliche Zunahme, Vitalität, Legetätigkeit, das Eigewicht, der Bruttrieb und der Schlupf. Der günstige Einfluß der Spurenelemente zeigte sich gleich bei der Beobachtung des Gewichtes und der täglichen Zunahme. Das Durchschnittsgewicht der Hähnchen prozentual zum Anfangsgewicht betrug bei der Kontrollgruppe (K) 559%, bei der Versuchsgruppe (2)

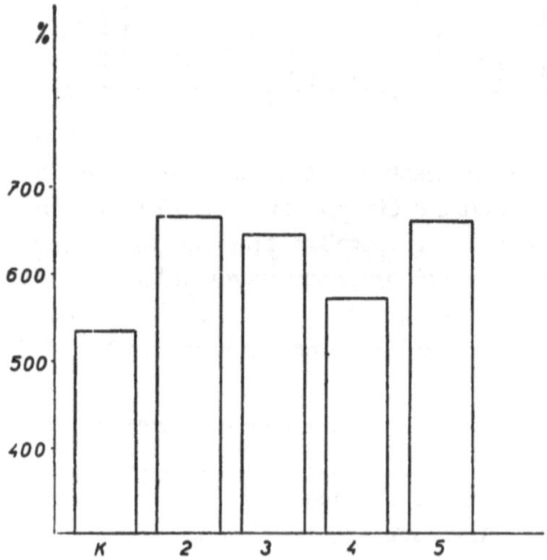

Abb. 3. Das Durchschnittsgewicht der Hähnchen prozentuell zum Anfangsgewicht bei der Kontrollgruppe und bei den Versuchsgruppen am Ende des Versuches

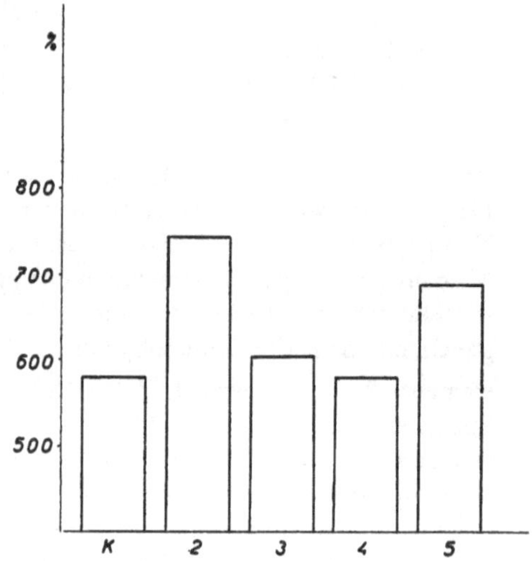

Abb. 4. Das Durchschnittsgewicht der Hühner prozentuell zum Anfangsgewicht bei der Kontrollgruppe und bei den Versuchsgruppen am Ende des Versuches

mit Beigabe von Co 664%, bei Gruppe 3 mit Beigabe MEZ-51 643%, bei der Mischung ME-V (4) 560% und bei der Mischung MEV-3a (5) 659% (Abb. 3). In der Gruppe der Hühner erreichte die Kontrollgruppe (K) im Durchschnittsgewicht am Ende des Versuches gegenüber dem Anfangsgewicht einen Wert von 577%, die Gruppe mit Co (2) 743%, die Gruppe mit MEZ-51 (3) 606%, die Gruppe mit ME-V (4) 579% und die Gruppe mit MEV-3a (5) 685% (Abb. 4).

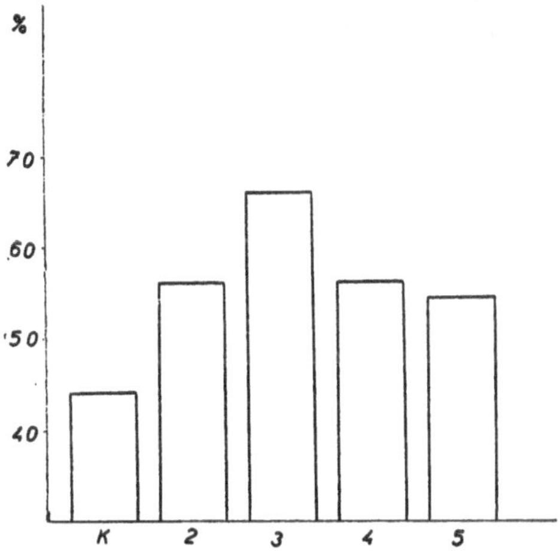

Abb. 5. Der Einfluß der Mikroelemente auf die Lebensfähigkeit der Kücken

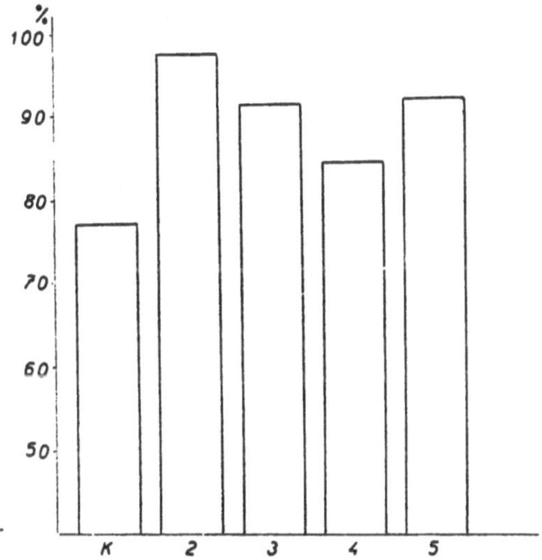

Abb. 6. Die prozentuelle Befruchtung der Eier in der Kontrollgruppe und in den Versuchsgruppen

Bei der Wertung des Gewichtes und des Gewichtszuwachses ist es nötig, auch zu beachten, daß in der Kontrollgruppe schwächere Tiere zugrunde gingen und stärkere blieben, während in den Versuchsgruppen unter dem Einfluß der Beigabe von Spurenelementen auch schwächere Stücke am Leben blieben und teilweise sogar das Durchschnittsgewicht der Gruppe erreichten. Der günstige Einfluß der Mikroelemente wirkte sich auch auf die Lebensfähigkeit aus (Abb. 5). Die Versuchsgruppen waren Krankheiten und äußeren ungünstigen Einflüssen gegenüber widerstandsfähiger. Die größte Lebensfähigkeit der angeführten Versuchsgruppen wiesen Küken aus der Gruppe mit Beigabe der Mischung MEZ-51 auf.

Im Verlauf des Versuches wurde die Anzahl der gelegten Eier und ihr Gewicht verfolgt. Der Einfluß der Spurenelemente erwies sich als gering, aber signifikant sowohl in der Legetätigkeit, als auch im Gewicht der gelegten Eier. Am besten verhielt sich die Gruppe mit Beigabe der Mischung MEV-3a, wo die Anzahl der gelegten Eier 5,5% höher und das Gewicht der gelegten Eier 3,1% höher als in der Kontrollgruppe waren. Von den gelegten Eiern jeder Gruppe wurden je 400 Stück in den Brutschrank eingelegt. Bei den Gruppen, die in die Nahrung eine Beimischung der Spurenelemente erhielten, wurde eine bessere Befruchtung der Eier und eine bessere Lebensfähigkeit der Embryos beobachtet. Von den von der Kontrollgruppe eingesetzten Eiern waren 76,8%, von den von der Gruppe mit Kobalt 96,7%, von den von der Gruppe mit Beimischung von MEZ-51 90,4%, von den von der Gruppe mit Beigabe der Mischung ME-V 83,6% und von den von der Gruppe unter Beimischung von MEV-3a 93,4% befruchtet (Abb. 6).

Der günstige Einfluß der Spurenelemente zeigte sich auch bei der Beobachtung der Embryos und kam in der Anzahl der ausgebrüteten Küken in den einzelnen Gruppen zur Geltung. Das beste Brutergebnis wurde bei der Gruppe erzielt, deren Träger eine Beimischung MEV-3a erhielten. Es lag um 18,6% höher als in der Kontrollgruppe. Die Gruppe mit dem Zusatz an Kobalt war nur um 9,8% besser als

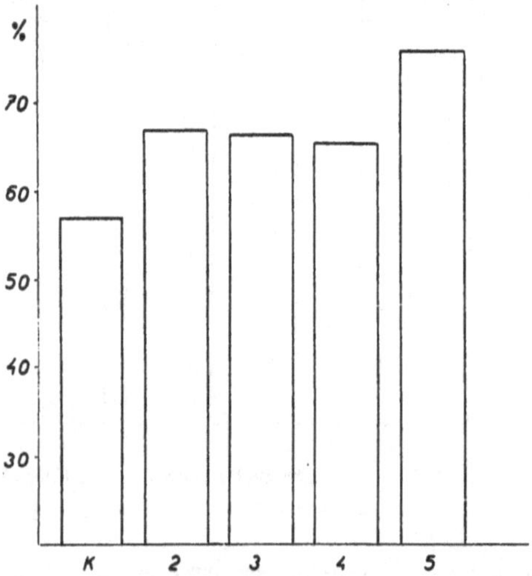

Abb. 7. Das Brutergebnis in der Kontrollgruppe und in den Versuchsgruppen

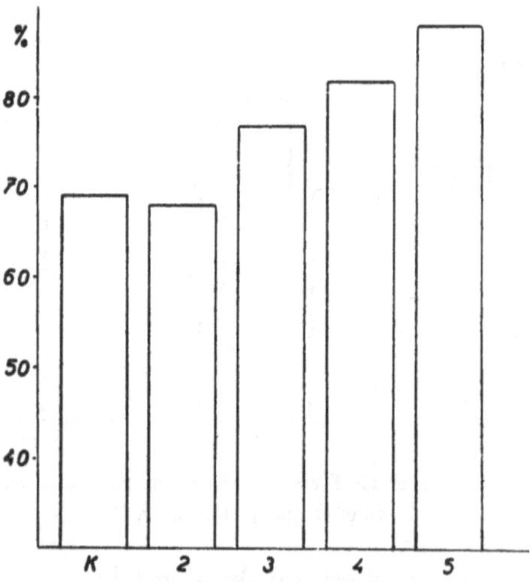

Abb. 8. Der gewichtsmäßige Zuwachs innerhalb von 14 Tagen bei den ausgebrüteten Hühnern der Kontroll- und Versuchsgruppe in %

die Kontrollgruppe, die Gruppe mit MEZ-51 um 9,2% und die Gruppe mit MEV um 8,5% (Abb. 7). Bei der Beobachtung der Wirkung des Brütens auf die befruchteten Eier war auch die beste Gruppe jene, deren Träger die Beigabe der Mischung MEV-3a in das Futter erhielten.

Die aus jeder Gruppe geschlüpften Küken wurden einzeln in Batteriehaltung während einer Zeit von wenigstens 14 Tagen beobachtet. Im Verlaufe dieser Zeit bekamen sie gleiches Grundfutter ohne Beigabe von Spurenelementen. Das Gewicht, die Gewichtszunahme und die Lebensfähigkeit wurden ermittelt (Abb. 8). Der günstige Einfluß der Spurenelemente zeigte sich auch bei diesen Küken in den Versuchsgruppen sowohl durch höheres Gewicht und bessere Zunahmen, als auch durch erhöhte Lebensfähigkeit. Die beste Gruppe war jene, deren Träger eine Mischung der Spurenelemente MEV-3a erhielten.

Die Ergebnisse dieser Versuche beim Geflügel wiesen auf die Notwendigkeit hin, das Futter mit geeigneten Mischungen von Spurenelementen zu ergänzen. Als geeignetste Mischung von Spurenelementen für Geflügel unter unseren gegebenen Bedingungen erwies sich die Mischung MEV-3a.

2. Spurenelemente in der Ernährung der Schweine

Bei den Schweinen erprobten wir zwei Mischungen von Spurenelementen und zwar Mischung MEZ-51 und Mischung MEV-55 (Autor I. VELIKY), welche aus sechs verschiedenen Spurenelementen, Fe, Cu, Zn, Co, Mn, J bestanden. Der Versuch wurde mit jeder Mischung in zwei Gruppen (Kontroll- und Versuchsgruppe)

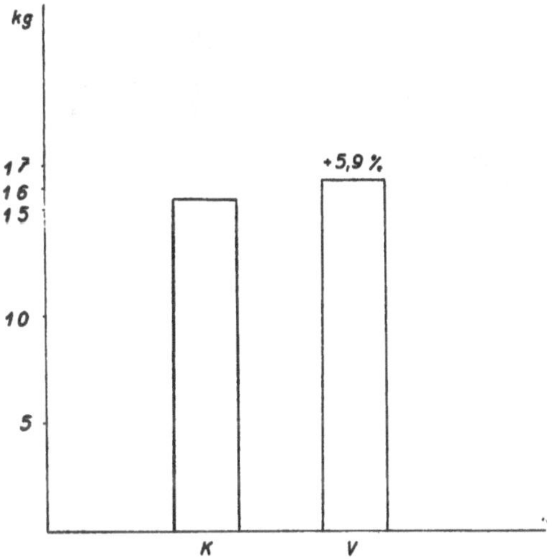

Abb. 9. Das Durchschnittsgewicht der Schweine der Kontroll- und Versuchsgruppe am Ende des Versuches

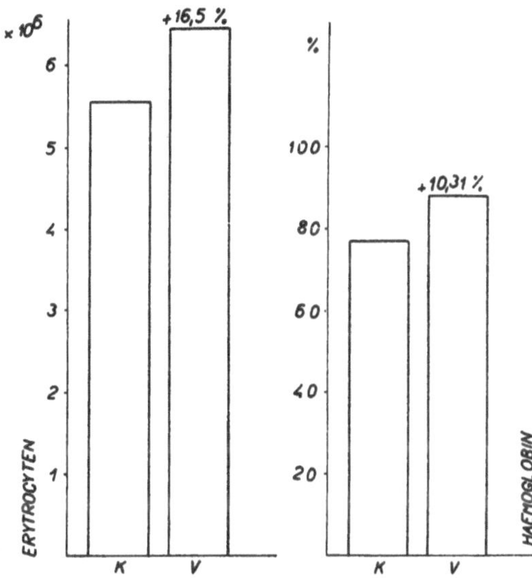

Abb. 10. Die Anzahl der Erytrocyten und der Prozentsatz des Hämoglobins der Kontroll- und Versuchsgruppe der Schweine (MEZ-51)

direkt und unter Betriebsbedingungen durchgeführt und dauerte ungefähr 5 Monate bei einem Anfangsgewicht der Schweine von ca. 15 kg. Die Mischung MEZ-51 wurde dem Futter der Versuchstiere beigegeben und ihr Einfluß auf Gewicht, Gewichtszuwachs und Veränderungen in der Anzahl der roten Blutkörperchen und des Hämoglobins beobachtet. Die Versuchsgruppe war am Ende des Versuches um 5,9% gewichtsmäßig stärker als die Kontrollgruppe (Abb. 9). Die Anzahl der Erythrocyten und der Prozentsatz des Hämoglobins waren bei der Versuchsgruppe höher als bei der Kontrollgruppe (Abb. 10). Bei Anwendung der Mischung MEV-55 wurde neben einer Erhöhung der Zunahme auch gleichzeitig eine Senkung des Futterbedarfs beobachtet. Bei der Versuchsgruppe war der Verbrauch des Futters um 4,5% geringer als bei der Kontrollgruppe (Abb. 11). Auch bei diesem Versuch wurde in der Versuchsgruppe eine Erhöhung der Zahl der Erythrocyten und der Menge des Hämoglobins beobachtet (Abb. 12).

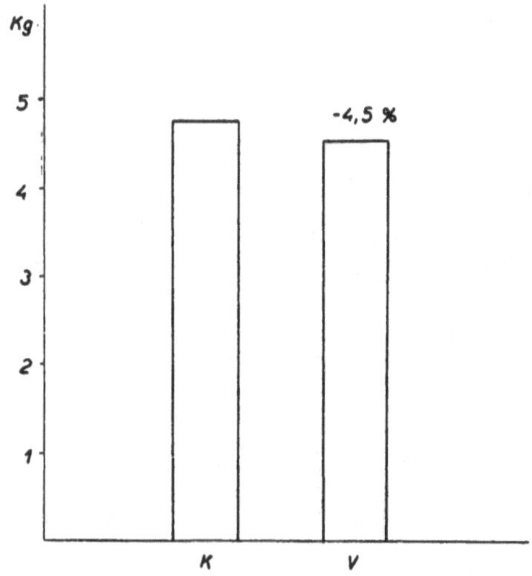

Abb. 11. Der Verbrauch des Futters in der Kontroll- und Versuchsgruppe der Schweine

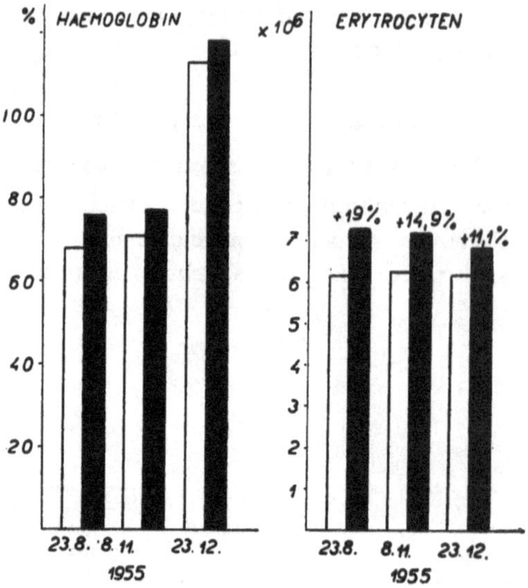

Abb. 12. Die Anzahl der Erytrocyten und der Prozentsatz des Hämoglobins in der Kontroll- und Versuchsgruppe der Schweine (MEV-55)

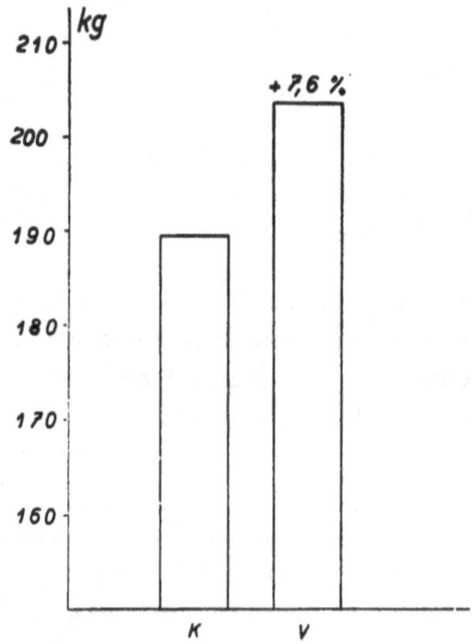

Abb. 13. Das Durchschnittsgewicht der Jungrinder der Kontroll- und Versuchsgruppe am Ende des Versuches (MEZ-51)

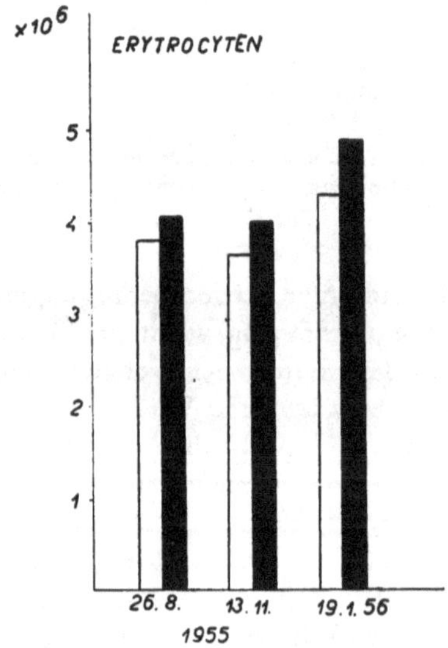

Abb. 14. Die Anzahl der Erytrocyten der Kontroll- und Versuchsgruppe der Jungrinder (MEZ-51)

3. Die Mischung MEZ-51 in der Ernährung von Jungrindern

Der günstige Einfluß der Spurenelemente wurde auch beim Jungvieh beobachtet. Die Versuchsgruppe war nach Beigabe der Mischung MEZ-51 am Ende des einjährigen Versuches um 7,6% gewichtsmäßig stärker als die Kontrollgruppe (Abb. 13). Ebenso wie auch bei den vorangehenden Versuchen wurde beim Jungvieh eine Erhöhung der Erythrocytenzahl beobachtet (Abb. 14).

4. Spurenelemente in der Ernährung der Milchkühe

Die Beobachtung des Einflusses der Spurenelemente galt der Melkfähigkeit, dem Fettgehalt der Milch und den Veränderungen der Erythrocyten und des Hämoglobins im Blut. Die Milchkühe der Versuchsgruppe gaben nach Beigabe einer

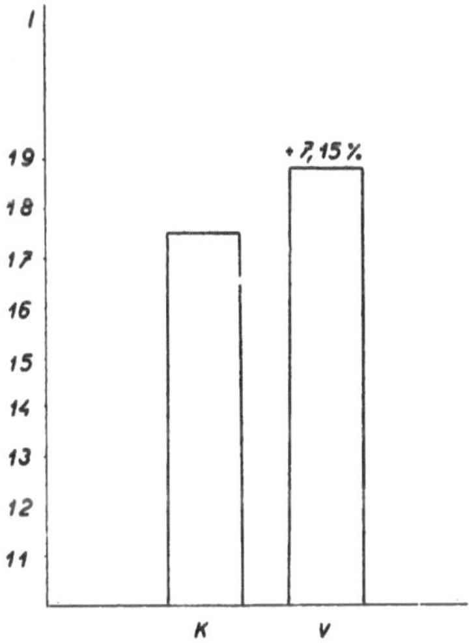

Abb. 15. Die Melkfähigkeit der Milchkühe der Kontroll- und Versuchsgruppe (MEZ-51)

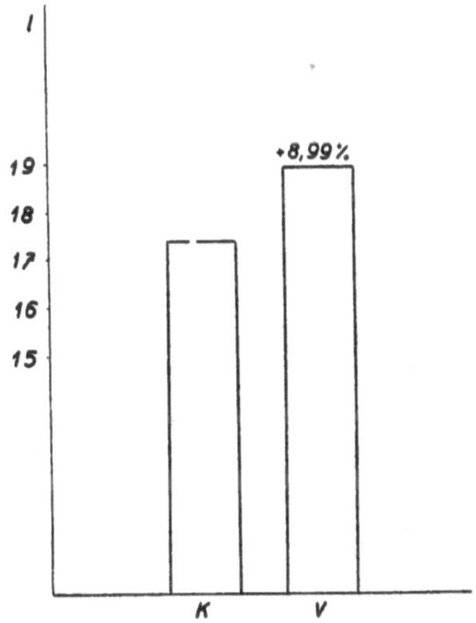

Abb. 16. Die Melkfähigkeit der Milchkühe der Kontroll- und Versuchsgruppe (MEV-55)

Mischung von Spurenelementen MEZ-51 täglich im Durchschnitt 7,2% Milch mehr als die Milchkühe der Kontrollgruppe (Abb. 15). Bei Zugabe der Mischung der Spurenelemente MEV-55 hatten die Milchkühe eine um ca. 9% höhere Melkfähigkeit als die Kontrollgruppe (Abb. 16). Im Fettgehalt der Milch bemerkten wir bei keinem der beiden Versuche eine bedeutungsvolle Änderung. Die Anzahl der Erythrocyten und die Menge des Hämoglobins erhöhten sich in beiden Versuchsgruppen der Milchkühe.

Zusammenfassung

Aus den experimentellen Ergebnissen unserer Versuche mit der Beigabe von Spurenelementmischungen ins Futter des Geflügels und anderer landwirtschaftlicher Nutztiere unter Laboratoriums- und Betriebsbedingungen ergibt sich die Tatsache, daß in unseren Futtermitteln die Spurenelemente nicht genügend vertreten sind.

Durch geeignete Dosierung richtig abgestimmter Mischungen von Spurenelementen kann sich der gesamte physiologische Zustand der Tiere und damit gleichzeitig auch ihre Nutzbarkeit erhöhen.

Резюуме

Результаты опытов по дополнительному кормлению домашней птицы и сельскохозяйственных животных путем добавления в рацион смесей микроэлементов показали, как в лабораторных, так и в производственных условиях, что удельный вес микроэлементо в вкормах является недостаточным. Подходящая дозировка правильных смесей микроэлементов может улучшить общее физиологическое состояние животных и вместе с тем повысить их продуктивность.

Summary

The results of our experiments on the supplementary feeding of trace elements to poultry and other farm animals under laboratory and farm conditions indicate that our feedingstuffs do not contain enough trace elements. An appropriate dosage of suitable mixtures of trace elements favours the total physiological condition of the animals and thus also their profitableness.

Literaturverzeichnis

1. RICHTER, K.: Züchtungskunde 1956, **28**, H. 4.
2. SCHARRER, K.: Biochemie der Spurenelemente. Berlin 1941.
3. SCHARRER, K., SCHROPP, W. u. A.: J. Tierernährung 1933, **5**, 676.
4. SCHILLING, W.: Praktische Blutlehre. Jena 1952.
5. STILLES, W.: Trace elements in plants and animals. Cambridge 1951.
6. VELIKÝ, I.: Pol'nohospodárstvo, SAV, 1954, Nr. 4.
7. VELIKÝ, I: Diss. 1956.
8. VELIKÝ, I.: Naša Veda, Nr. 10.
9. VOJNAR, A. O.: Biol. rol' mikroelementov v organizme životnych i čeloveka. Moskva 1953.

Verfasser: Ing. IVAN VELIKÝ, Chemická fakulta, Kollárovo nám. 2, Bratislava (ČSR)

Aus dem Institut für Tierzucht der Friedrich-Schiller-Universität Jena, Abt. Kleintierzucht, Direktor: Prof. Dr. F. Hofmann

K. LÖHLE und W. RICHTER

Untersuchungen über Körpergewichte und Legeleistung (Eizahl und Eigewicht) bei weißen Leghorn- und rebhuhnfarbigen Italienerhennen

Eingegangen: 31. Juli 1959

Von unseren Wirtschaftshühnerrassen wird eine Eier- und Fleischleistung verlangt. Eine strenge Differenzierung in ausgesprochene Lege- oder Fleischnutzung, wie das beispielsweise in den USA der Fall ist, kennen wir z.Zt. noch nicht. Bei uns unterscheidet man zwar Legerassen und Zwierassen, aber auch von ersteren wird eine angemessene Fleischleistung erwartet. Aus diesem Grunde wurden besonders in letzter Zeit in zunehmendem Maße bei den weißen Leghorn und rebhf. Italienern die etwas schwereren Tiere den leichten gegenüber bevorzugt. Man sollte dabei jedoch keinesfalls ins Extreme verfallen; denn nach EICKEL brachten Hennen, die in ihrer Jugendentwicklung über dem Durchschnittsgewicht der Altersgenossinnen lagen, keine besseren Leistungen. Sie hatten einen höheren Futterverbrauch, der auch durch höheres Eigewicht nicht ausgeglichen werden konnte.

In folgendem sollen einige Ergebnisse über Körpergewichtsentwicklung und Legeleistung (Eizahl und Eigewicht) gebracht werden, die an weißen Leghorn- und rebhf. Italienerhennen der Hühnerleistungsprüfungsanstalt Altenberga/Kahla ermittelt wurden. Es handelte sich um Hennen im ersten Legejahr der Prüfungsjahrgänge 1954/55 bis 1957/58.

Die Tiere wurden zu Beginn (1. Oktober) und am Ende der Prüfung (15. September) gewogen. Außerdem erfolgten Gewichtsfeststellungen am Ende der Monate Dezember, März und Juni. Eizahl und Eigewicht wurden täglich ermittelt. Es zeigte sich dabei, daß die Körpergewichte der Hennen im ersten Legejahr bis zum Monat Juni anstiegen. Danach war ein Absinken der Körpergewichte zu verzeichnen. Vgl. nachfolgende Abb. 1.

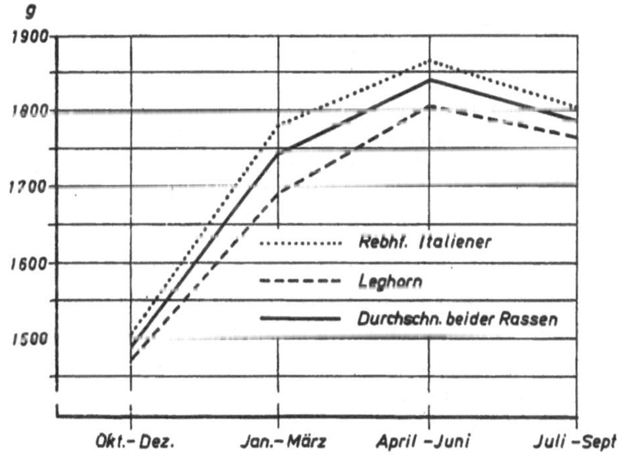

Abb. 1. Die Gewichtsentwicklung der Hennen im 1. Legejahr

Diese Tendenz war bei beiden Rassen in gleicher Weise zu beobachten.

Vergleicht man die in den einzelnen Quartalen registrierten durchschnittlichen Körpergewichte der Hennen mit der Zahl der im gleichen Zeitraum gelegten Eier, so lassen sich daraus Beziehungen zwischen Legeleistung und Körpergewicht im Durchschnitt aller Tiere ableiten. Vgl. Abb. 2.

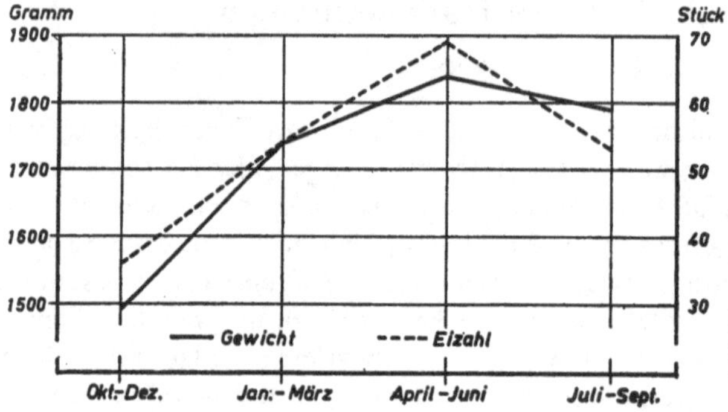

Abb. 2. Die Gewichtsentwicklung und die Legeleistung der Hennen im 1. Legejahr

Betrachtet man die Verteilung der höchsten Körpergewichte und der höchsten Legetätigkeit in den verschiedenen Zeitabschnitten des Legejahres (bezogen auf die Quartale), so ergibt sich folgendes Bild:

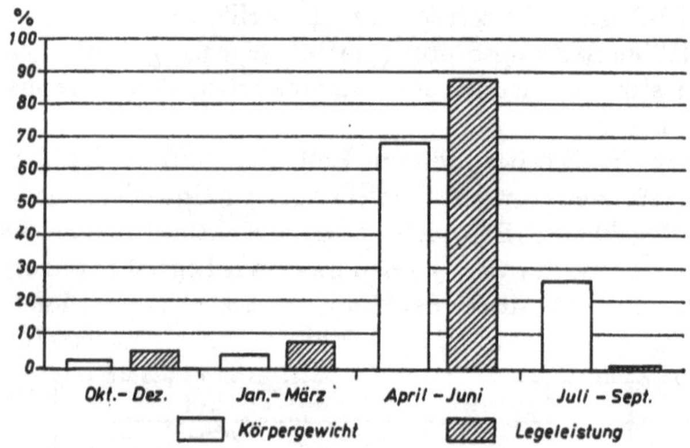

Abb. 3. Die Verteilung der höchsten Körpergewichte und der höchsten Legeleistung auf die Quartale

Die Mehrzahl der Hennen hatte in den Monaten April bis Juni das höchste Körpergewicht (67,5% aller Tiere). In diesem Quartal besaßen auch die meisten Tiere (86,6% aller Hennen) ihre höchste Legeleistung.

Näheres ist aus Tabelle 1 zu ersehen.

Ähnliche Ergebnisse hat HAYS (nach RÖMER) bei roten Rhodeländern gefunden. Es ergab sich, daß zwischen dem mittleren monatlichen Körpergewicht und dem mittleren monatlichen Eigewicht ein bedeutender Parallelismus besteht, in gleicher Weise zwischen dem monatlichen Körpergewicht und der monatlichen Eierleistung. Der Verfasser vertritt den Standpunkt, daß das Körpergewicht der Hennen ein wichtiger Ausdruck für die Legeleistung der Tiere ist.

Tabelle 1
Verteilung der Höchstgewichte und der höchsten Legeleistung auf die verschiedenen Quartale des Legejahres

	Okt.-Dez. Zahl der Tiere		Jan.—März Zahl der Tiere		April—Juni Zahl der Tiere		Juli—Sept. Zahl der Tiere	
	abs.	%	abs.	%	abs.	%	abs.	%
höchste Körpergewichte	5	2,2	10	4,3	156	67,5	60	26,0
höchste Legeleistung	12	5,2	18	7,8	200	86,6	1	0,4

Vergleicht man die Körpergewichte der Hennen zu Beginn (1. Okt.) und am Ende des Legejahres (15. Sept.) mit der Zahl und dem Gewicht der gelegten Eier, so ergibt sich bei dem uns zur Verfügung stehenden Material, daß mit zunehmendem Körpergewicht sowohl ein Ansteigen der Eizahlen als auch vor allem der Eigewichte zu verzeichnen ist. Vgl. nachfolgende Tabellen.

Tabelle 2
Eizahlen und Eigewichte (Jahresleistung) von Hennen verschiedener Gewichtsklassen bei Beginn des Legejahres

Körpergewichte g	901—1100	1101—1300	1301—1500	1501—1700	1701—1900
Tierzahl Stck.	9	60	201	164	39
Gesamteizahl im ∅ Stck.	178	197	208	210	220
Eigewicht im ∅ g	55,4	56,0	57,1	58,7	59,1

Tabelle 3
Eizahlen und Eigewichte (Jahresleistung) von Hennen verschiedener Gewichtsklassen am Ende des Legejahres

Körpergewichte g	1201—1400	1401—1600	1601—1800	1801—2000	2001—2200	2201—2400
Tierzahl Stck.	22	80	154	131	74	23
Ges.-Eizahl im ∅ Stck.	188	199	206	213	214	224
Eigewicht im ∅ g	55,6	55,9	57,2	58,7	59,0	60,9

Zur besseren Übersicht sei folgende graphische Darstellung über Körpergewicht und Eigewicht gebracht (Abb. 4).

Es muß jedoch betont werden, daß bei der Berechnung lediglich Tiere mit Körpergewichten von 901 g bis 1900 g am Beginn des Legejahres und Hennen von 1201 g bis 2400 g Körpergewicht am Ende des Legejahres zu Grunde gelegt wurden. Die Tiere, die außerhalb der genannten Gewichtsklassen lagen, wurden nicht bewertet, da ihre Zahl zu gering war. Es sind also ausgesprochene Extremwerte weggelassen worden.

Nach schwedischen Untersuchungen an weißen Leghornhennen im Alter von 14—15 Monaten besteht für das erste Legejahr eine Beziehung zwischen Körpergewicht und mittlerem Eigewicht. Für je 100 g Körpergewichtszunahme stieg das durchschnittliche Eigewicht um 1,75 g an. Frühzeitiger Legebeginn der Hennen (140—170 Tage) hatte auf Grund des niedrigen Körpergewichtes der Tiere ein geringes durchschnittliches Eigewicht zur Folge.

Auch RÖMER konnte Beziehungen zwischen Körpergewicht und Eigewichten nachweisen.

MEHNER prüfte zwei Hennengruppen mit verschiedenen Gewichten u. a. auf Legeleistung und Eigröße.

	Legeleistung	⌀ Eigewicht
schwere Gruppe (1868 g)	159,8 Eier	60,7 g
leichte Gruppe (1586 g)	156,1 Eier	58,7 g

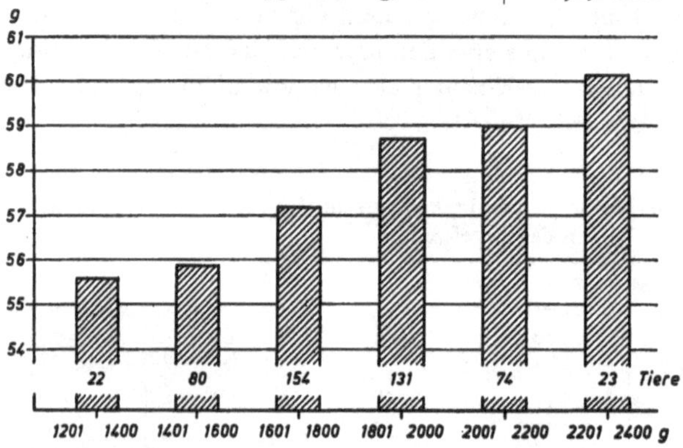

Abb. 4. Eigewichte und ihre Abhängigkeit vom Körpergewicht der Hennen am Prüfungsende (15. 9.)

Bei einem Gewichtsunterschied je Gruppendurchschnittstier von ca. 300 g betrug die Differenz beim durchschnittlichen Eigewicht 2,0 g und erhöhte sich im zweiten Legejahr auf 2,3 g je Ei.

FUNK und KEMPSTER wiesen an weißen Plymouth-Hennen nach, daß Tiere, die einen hohen Anstieg im Körpergewicht zu verzeichnen hatten, ebenfalls hohe Zunahmen im durchschnittlichen Eigewicht erkennen ließen.

Auch COLLIGNON weist auf eine sehr nahe Wechselbeziehung zwischen dem Körpergewicht einer Henne und dem Gewicht ihrer Eier hin.

Selbstverständlich hängt das durchschnittliche Eigewicht der Hennen auch von anderen Faktoren ab. So ist z. B. bekannt, daß nach WARREN (aus RÖMER) die Temperatur das Eigewicht beeinflussen kann. Auch die Größe der Legepausen soll nach RÖMER das Eigewicht beeinflussen.

Nach JÄGER nimmt das Eigewicht innerhalb einer Legeserie allmählich etwas ab. Je größer eine Serie ist, um so größer soll der Unterschied zwischen dem ersten und letzten Ei der Serie sein.

Nach ATWOOD (aus JÄGER) ist das durchschnittliche Eigewicht der Hennen im zweiten Legejahr um 7,3% höher als das des ersten Jahres.

Für unsere Untersuchungen standen die Gewichte von insgesamt 9487 Eiern von Junghennen zur Verfügung.

Eine Betrachtung der durchschnittlichen Eigewichte in Abhängigkeit von den Legeserien ergab folgendes Bild. Vgl. Abb. 5.

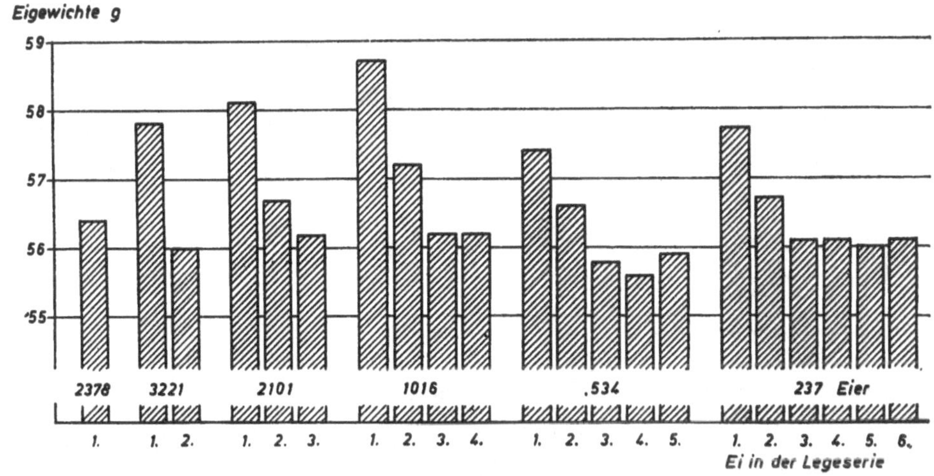

Abb. 5. Durchschnittliche Eigewichte und ihre Abhängigkeit von den Legeserien

Die ersten Eier einer Serie hatten jeweils das größte Eigewicht. Die Gewichte der zweiten und dritten Eier der Serien sind stets abgefallen. Bei größeren Legeserien differierte das durchschnittliche Eigewicht des dritten Eies zum letzten Ei nur unwesentlich.

An Hand des vorliegenden Materials wurde weiterhin nachgeprüft, ob das Durchschnittsgewicht der Wintereier (1. Okt.—28. Febr.) und das Gewicht der im Monat Februar gelegten Eier von der Zahl der Wintereier abhängt. Vgl. Abb. 6.

Aus der Abbildung ist zu ersehen, daß eine Beeinflussung der Eigewichte beider genannter Bezugssysteme nicht zu beobachten ist.

Vergleicht man nach Abschluß des Legejahres das Durchschnittsgewicht aller im gesamten Zeitraum gelegten Eier (1. Okt.—15. Sept.) und das Durchschnittsgewicht

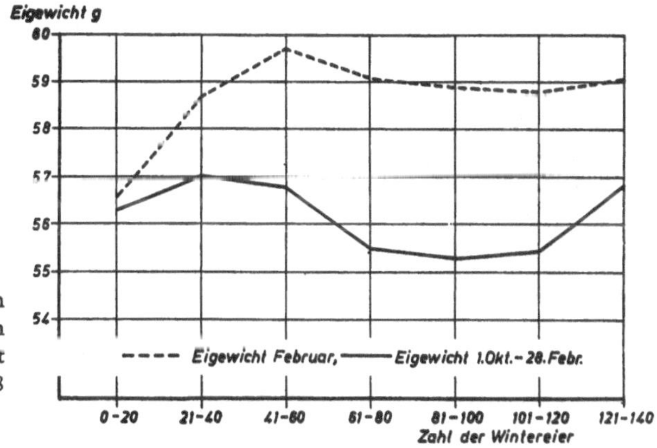

Abb. 6. Die durchschnittlichen Eigewichte seit Prüfungsbeginn (1. Okt.—28. Feb.) und im Monat Februar 1954—1958

der im Monat September gelegten Eier in Abhängigkeit von der Gesamtzahl der Eier (Jahresleistung), so zeigt sich, daß die durchschnittlichen Gesamteigewichte mit zunehmender Legeleistung kaum abfallen und daß die im Monat September gelegten Eier der Hennen mit hoher Legeleistung jedoch ein stärkeres Absinken der Eigewichte erkennen lassen. Vgl. Abb. 7.

Von einigen Geflügelzüchtern wird der Standpunkt vertreten, daß die Hennen, die eine größere Zahl von Wintereiern gelegt haben, in den nachfolgenden Monaten qualitativ schlechtere Bruteier erzeugen als die Tiere, die eine geringere Legeleistung

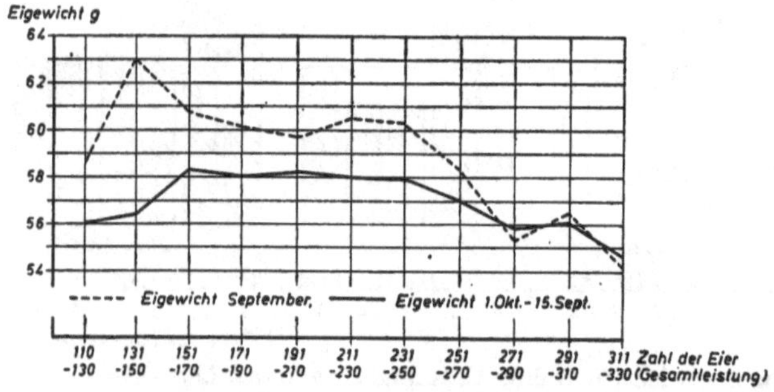

Abb. 7. Die durchschnittlichen Eigewichte seit Prüfungsbeginn (1. Okt.—15. Sept.) und im Monat September 1954—1958

im gleichen Zeitraum aufwiesen. Manche Züchter versuchten sogar, die Winterleistung etwas einzudämmen, um bessere Brutergebnisse zu erzielen. Als Grund wird die theoretische Erklärung abgegeben, daß sich die Hühner bei starker Winterlegetätigkeit verausgaben und dann die Eier nicht die Stoffe besitzen, die eine hohe Schlupffähigkeit der Küken gewährleisten.

Eine Untersuchung der Schlupfergebnisse unserer Hennen in Abhängigkeit von der Zahl der gelegten Wintereier ergab folgendes Bild:

Tabelle 4
Die Zahl der gelegten Wintereier und die Schlupfergebnisse der Hennen

Zahl der Wintereier	31–40	41–50	51–60	61–70	71–80	81–90	91–100	101–110	111–120
Tierzahl	3	5	4	9	20	18	30	30	27
Schlupf %	85,2	79,9	68,2	82,0	78,1	77,1	77,6	75,8	79,9

Aus der Tabelle ist zu ersehen, daß die Tiere mit hoher Winterlegeleistung kein Absinken der Schlupfprozente erkennen ließen. Die Voraussetzung stellt allerdings eine vielseitige, zweckentsprechende Fütterung dar.

Die in der Arbeit gebrachten Ergebnisse eigener Untersuchungen sind nicht variationsstatistisch berechnet worden. Es ist vorgesehen, die Untersuchungen an einem größeren Material fortzuführen und variationsstatistisch nachzuprüfen.

Zusammenfassung

1. In der Arbeit wurde die Körpergewichtsentwicklung der weißen Leghorn- und rebhf. Italienerhennen im Verlauf des ersten Legejahres dargestellt. Die Körper-

gewichte der Tiere stiegen bis zum Monat Juni an, danach war ein Absinken zu beobachten.

2. Es ließen sich Beziehungen zwischen dem Körpergewicht und der Zahl der gelegten Eier in den einzelnen Zeitabschnitten des Legejahres erkennen.
3. Zusammenhänge zwischen dem Körpergewicht der Hennen und dem Eigewicht wurden nachgewiesen.
4. Das Eigewicht hängt u. a. von der Legeserie ab. Das erste Ei einer Serie war jeweils schwerer als die nachfolgenden Eier. Das dritte Ei einer Serie unterschied sich bei größeren Serien (bis 6 Eier) vom letzten Ei nur unwesentlich.
5. Die durchschnittlichen Eigewichte hängen nicht von der Zahl der gelegten Wintereier ab.
   Bei sehr hoher Gesamteierleistung (1. Okt.—15. Sept.) war ein Absinken der Eigewichte im letzten Monat des Legejahres zu verzeichnen.
6. Die Schlupfergebnisse der Hennen ließen keine Abhängigkeit von der Zahl der gelegten Wintereier erkennen.
7. Eine variationsstatistische Nachprüfung des Materials ist erforderlich und vorgesehen.

Резюме

1. В настоящей работе описывается развитие веса тела белых леггорнов и итальянских кур цвета куропаток в течение первого года яйцекладки. Вес тела животных увеличивался до июня месяца, после этого наблюдалось снижение.
2. Удалось выявить взаимоотношения между весом тела и количеством снесенных яиц за отдельные периоды яйцекладки.
3. Установили связь между весом тела кур и весом яиц.
4. Вес яйца зависит между прочим от серии яйцекладки. Первое яйцо серии всегда было тяжелее следующих яиц. Третье яйцо серии отличалось в больших сериях (до 6 яиц) только незначительно от последнего яйца.
5. Средний вес яиц не зависит от количества снесенных зимой яиц. В случае очень высокой общей яйценоскости (1.X—15.IX) отмечалось снижение веса яиц за последний месяц года яйцекладки.
6. Выводимость не показала зависимости от количества снесенных зимой яиц.
7. Проверка материала при помощи вариационной статистики необходима и предусмотрена.

Summary

1. The paper reports the body weight development of White and Brown Leghorns during the first laying year. The body weight of the animals increased until June but thereafter it fell off.
2. The individual periods within the laying year showed relationships between the body weight and the number of eggs.
3. Correlations were demonstrated between the hens' body weight and the egg weight.

4. The egg weight depends among others upon the laying series. The first egg of each series was bigger than the following eggs. The third egg of a series differed only little from the last egg of a large series (up to eggs).
5. The average egg weight does not depend on the number of winter eggs.
   With a very high total egg production (lst Oct.—15th Sept.) the eggs laid during the last month of the laying year showed a decrease in weight.
6. The hatching results of hens did not depend on the number of winter eggs.
7. A statistical re-examination of the material is necessary and intended.

Literaturverzeichnis

1. KOCH: Legeleistung und Eigröße. Dtsch. Wirtschaftsgeflügelzucht 1958, Nr. 9, S. 154.
2. MEHNER: Versuch über Legeleistung und Futterverwertung von Leghornhennen mit schweren und leichten Körpergewichten. Züchtungskunde 1951, **22**, H. 4, 178.
3. FUNK und KEMPSTER: Eigewicht beim Hausgeflügel. Columbia Missouri 1954.
4. COLLIGNON: Die Erzielung großer Eier (Gekürzt nach V. G. HANES in National Poultry Journal). Dt. Landw. Geflügelzeitung 1934/35, 38. Jg., Nr. 35, S. 562.
5. RÖMER: Nutzbringende Geflügelwirtschaft 1953, 3.—5. Auflage.
6. JÄGER: Das Wirtschaftsgeflügel. Berlin: Dt. Bauernverlag.
7. EICKEL: Die Ergebnisse der ersten Hühnerleistungsprüfungen n. LÜTZENBERG in den staatl. Hühnerleistungsanstalten der DDR und ihre Auswertung für die züchterische Arbeit. Dt. Akademie der Landwirtschaftswissenschaften zu Berlin, Tagungsbericht vom 24. 2. 56 in Berlin.

Verfasser: Dr. K. LÖHLE, Institut für Tierzucht der Friedrich Schiller-Universität, Jena, Fritz Krieger-Str. 1 u. cand. agr. W. RICHTER, Jena, Fritz Krieger-Str. 1

J. SZUMAN

Untersuchungen über Veränderungen der zytologischen Bestandteile des Vaginalsekrets beim Silber- und Blaufuchs bei anormaler Ranz und Begattung

Eingegangen am 20. 5. 1959

In der Fuchszucht versagen in jedem Jahre über 20% der angesetzten Zuchtfähen, wovon bei etwa der Hälfte dieser Fähen keine Deckung erfolgt, bei anderen die Deckung nicht zur Geburt führt. In der zuletzt genannten Gruppe liegt der Mißerfolg der Deckung in einem Prozentsatz der Fälle an einem frühzeitigen Verwerfen — im Falle der ersten Gruppe spricht man wohl meistens von „stiller Ranz" oder verweigertem Deckakt.

Als „anormale Ranz" bezeichnet man dagegen gewöhnlich wohl nur Fälle einer zweimaligen Deckung in einem Abstand von vielen Tagen oder gar Wochen. Wie bekannt, dauert die eigentliche Oestrusphase bei Vulpes fulva 1—3, bei Alopex 4—8 Tage. Abweichungen von dieser Norm gelten als sehr selten. In den Fachzeitschriften findet man darüber gelegentlich Berichte der interessierten Züchter.

Bei näherer Betrachtung kann man die Fälle anormaler Ranz in zwei deutlich abweichende Gruppen einteilen, namentlich Fälle, die man als verfrühte Deckwilligkeit bezeichnen könnte und Fälle der Zulassung von Begattungen trotz vorgeschrittener Trächtigkeit. Hierzu einige Beispiele.

BÄUMER (1) hatte eine Silberfuchsfähe, welche am 20. Januar und später am 11. Februar gedeckt wurde. Der Züchter betont, daß bei dem späteren Deckakt keine Schwellung der äußeren Geschlechtsteile beobachtet wurde. Der Wurf erfolgte am 23. März. Demnach ließ die Fähe den Deckakt während der Trächtigkeit zu.

DELITSCH (2) berichtet über eine Silberfuchsfähe, welche am 9. und 10. Februar gedeckt wurde und dann noch am 23. Februar eine Begattung zuließ. Auf Grund des Wurftermins (3. April) kann man feststellen, daß die spätere Begattung (ähnlich wie im Falle BÄUMER) etwa am 14. Tage der Trächtigkeit erfolgt ist.

An Hand des Berichtes und der Zuchtkartei eines hiesigen Züchters konnte ich nachfolgenden Fall feststellen. Die Blaufuchsfähe „Mila" Nr. 16/1955 wurde vom 6.—12. April und dann wieder vom 23. bis 25. April 1956 täglich begattet. Schon die allererste Begattung scheint hier erfolgreich gewesen zu sein, denn der Wurf erfolgte am 29. Mai. Bemerkenswert ist hier, daß sich die Fähe trotz vorgeschrittener Trächtigkeit wiederholt decken ließ.

Als Beispiele einer „zweimaligen Ranz" von Fuchsfähen, richtiger gesagt wiederholter Begattungsbereitschaft in größeren Zeitabständen, seien nachfolgende Beobachtungen angeführt.

ALBRECHT (3) berichtet von einer Silberfuchsfähe, die am 3. und dann auch am 11. März gedeckt wurde. Der erwartete Wurf blieb jedoch aus. Im vorhergehenden Jahre hatte diese Fähe einen normalen Wurf gebracht.

GAUCK (4) beobachtete eine Silberfuchsfähe, welche während 32 Tagen 22mal gedeckt wurde. — Erfolgreich soll der letzte Deckakt gewesen sein.

Im Jahre 1956 beobachtete ein hiesiger Züchter (W. PISANSKI) eine zweimalige Ranz bei seiner Blaufuchsfähe H 13/1955. Die Fähe ließ sich am 8., 9., 10. und 12. März decken. Am 28. März wurden bei der Fähe erneut Ranzzeichen festgestellt, auf welche man durch das Benehmen eines benachbarten Rüden aufmerksam gemacht wurde. Eine Deckung erfolgte sofort nach dem Beisetzen des Rüden und auch noch an den zwei folgenden Tagen. Ab 19. bis 26. Mai wurden in großen Zeitabständen insgesamt 17 tote Welpen geboren. Demnach waren es die Deckungen der zweiten Ranz, welche zur Befruchtung geführt haben.

Ein schwedischer Züchter beschreibt in der Zeitschrift Vara Pälsdjur (5) einen, nach seiner Meinung, einzig dastehenden Fall, daß eine züchterisch erprobte Silberfuchsfähe im dritten Zuchtjahre die Begattungsbereitschaft zweimalig im Abstande von 31 Tagen zeigte.

E. D. ILINNA erwähnt in ihrem Buche Swjerowodstwo (6) Fälle einer zweiten Ranz bei Blaufüchsen im Abstande von 10 bis 30 Tagen nach der ersten Begattung, wobei betont wird, daß man auf Grund des Wurfdatums feststellen konnte, daß die Befruchtung in allen Fällen durch die späteren Deckakte erfolgt ist.

Auch in den amerikanischen Fachzeitschriften findet man Mitteilungen von Züchtern über zweimalige Ranz bei Silberfuchsfähen, wobei es sogar vorgekommen sein soll, daß nach Frühgeburt oder zeitigem Verlust des Wurfes die Fähe in demselben Jahre noch einen zweiten Wurf zur Welt gebracht hat. Auch sollen Fälle von Superfoetation beobachtet worden sein. Solche abnorme Fälle, obwohl meistens nicht einwandfrei nachgewiesen, konnten in den nordamerikanischen Zuchten um so leichter vorkommen, als man dort in vielen Farmen noch bis zum Jahre 1940 die Zucht monogam betrieb und den Rüden, auch nach erfolgter Begattung, oft sogar noch in der Wurf- und Aufzuchtzeit bei der Fähe beließ.

Wir haben versucht, den Verlauf der im Anfang genannten Ranzabnormitäten an Hand der Veränderungen der zytologischen Bestandteile des Vaginalsekrets zu verfolgen, um einen Beitrag zur Klärung der Ursachen der Fälle anormaler Ranz zu bringen.

Während 4 Zuchtjahren (1956—1959) wurden hierzu bei allen Fähen einiger Zuchten Vaginalsekretproben regelmäßig ab Ende Januar (bzw. bei Blaufüchsen ab Februar) bis zum Ablauf der Ranzzeit entnommen. In mehreren anderen Betrieben wurden Scheidenschleimabstriche nur gelegentlich bei allen oder nur vereinzelten Zuchtfähen mikroskopisch untersucht. Insgesamt wurden in den einzelnen Jahren 60 bis 115 Fähen dauernd beobachtet und außerdem bei je 80 bis 150 anderen Fähen gelegentlich Vaginalsekretproben entnommen.

Es ist einleuchtend, daß bei den meisten laufend untersuchten Fähen die aufeinander folgenden mikroskopischen Bilder nicht viel von den bekannten und bereits von STARKOW (1937), KAKUSHKINA (1937), JOHANSSON (1939), JACZEWSKI und Mitarbeitern (1955) sowie mehreren anderen Autoren beschriebenen zyklischen Veränderungen des Scheidensekrets abwichen.

Jedoch hatten wir die Möglichkeit, unter anderem auch die Veränderungen der Scheideabsonderungen in vier Fällen einer zweimaligen „Ranz" zu beobachten, was unseres Wissens nach erstmalig gelungen ist. Dagegen fanden wir leider keine Gelegenheit, Vaginalsekretproben von Fähen, die sich im trächtigen Zustande decken ließen, zu untersuchen.

Die erste Beobachtung (1957) bezieht sich auf die Blaufuchsfähe Nr. 1-1955 des Züchters BORUSZAK-Poznań. Diese Fähe hatte im vorhergehenden Jahre 9 Welpen geboren und aufgezogen. Im zweiten Zuchtjahre wurde sie am 13. Februar

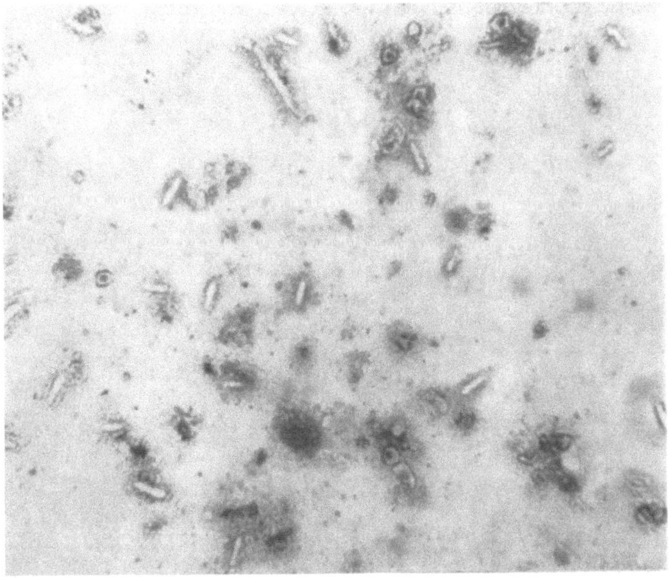

Abb. 1. Vaginalsekret der Fähe 1/55, ein Tag nach erfolgtem Deckakt. Typisches Anoestrusstadium. Dünnflüssiger Schleim, vereinzelte Epithelzellen von kleiner Dimension mit gut färbbarem Kern und Harnkristalle. Vergrößerung etwa 450 ×

von einem Altrüden begattet. Der Deckakt dauerte über 30 Minuten. Am folgenden Tage dagegen verweigerte die Fähe die Begattung.

Da der Decktermin für eine Blaufuchsfähe außerordentlich zeitig erschien und keine Schwellung der äußeren Geschlechtsteile bei der Fähe zu erkennen war, wandte sich der Züchter an unser Institut, allerdings erst am nächsten Tage nach der Begattung.

Das mikroskopische Bild des entnommenen Scheidenabstriches zeigte nicht das zu erwartende Oestrusbild. Neben ziemlich flüssigem Schleim und Harnkristallen fanden sich nur wenig zytologische Bestandteile. Stellenweise sah man einkernige weiße Blutkörperchen, teilweise in Schleimklumpen verklebt, daneben kleine Epithelzellen in geringer Anzahl und auch einzelne verhornte eckige Zellen von mittlerer Größe[1]. Auf Grund des untersuchten Scheidenabstriches (Abb. 1) erklärten wir dem Züchter, daß die Fähe als „noch nicht im Ranz gewesen" zu behandeln ist. Es

[1] Einzelne verhornte Zellen (sog. Schuppen) findet man im mikroskopischen Bilde des Scheidenabstriches oft schon 30 und mehr Tage vor Eintritt der Oestrusphase vor, allerdings nur in geringer Zahl und im Beisein von anderen zytologischen Bestandteilen.

wurden nun unserseits regelmäßig Sekretproben entnommen, der Zustand der Vulva laufend geprüft und die Fähe jeden zweiten Tag zum Rüden gesetzt.

Der entnommene Scheidenabstrich der nächsten Tage nach der Begattung zeigte nicht das Bild des Metoestrus. Man sah neben einer geringen Zunahme von verhornten Zellen auch runde, kleine Epithelzellen in etwas erhöhter Menge, aber eine Masseninvasion von polymorphkernigen Leukocyten fand nicht statt.

Einige Tage später dagegen konnte man das Anfangsstadium einer rasch fortschreitenden Verhornung der Epithelzellen feststellen. Am 24. Februar sind die eckigen Zellen im allgemeinen noch klein mit deutlich gefärbtem Kern. Einkernige weiße Blutkörperchen sind stellenweise sichtbar.

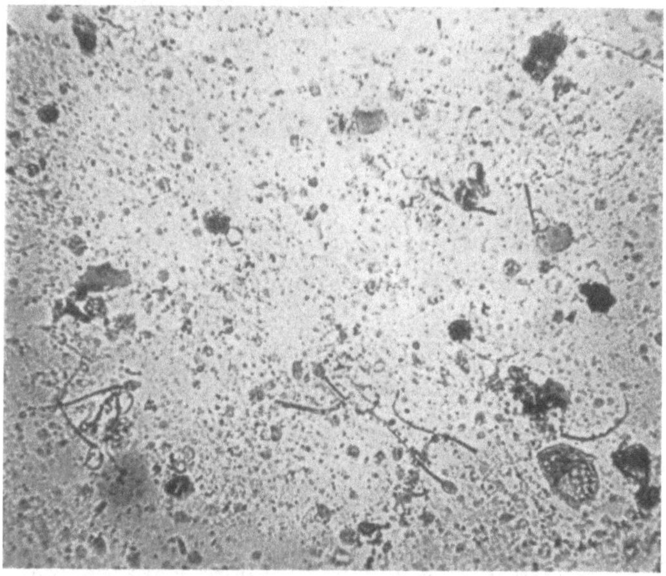

Abb. 2. Spermatozoiden im Scheidensekret der Fähe Nr. 14 in deutlichem Anoestrusstadium. Vergrößerung etwa 600 ×

Am 27. Februar findet man fast ausschließlich verhornte, ziemlich große Zellen vor. An demselben Tage erfolgt die Begattung und dann ebenfalls am 28. Februar und 1. März. Am 3. März sind noch immer keine Leukocyten in die Vagina eingewandert. Man findet ausschließlich verhornte Epithelzellen, welche jetzt zum Teil mit Schleim verklebt sind. Am 5. März nimmt die Fähe noch einmal den Rüden an, worauf der Metoestrus einsetzt. Die Geburt (8 Welpen) erfolgte am 28. April. Der Wurf ist also auf Grund der späteren Begattung erfolgt.

Ein Jahr später (1958) fanden zufälligerweise wieder bei demselben Züchter zwei ähnliche Fälle statt. Die Blaufuchsfähe Nr. 114-1955 ließ sich am 17. Februar decken. Der nach etwa 10 Stunden nach der Begattung entnommene Scheidenabstrich wies nicht die typischen Ranzzeichen auf (Abb. 2). Die ersten deutlichen Anzeichen des Prooestrus konnte man mikroskopisch erst Anfang März feststellen. Am 20. März fanden sich im Scheidensekret fast ausschließlich große, verhornte, kernlose Zellen vor, von allerdings größtenteils rundlicher Form (Abb. 3). Eine

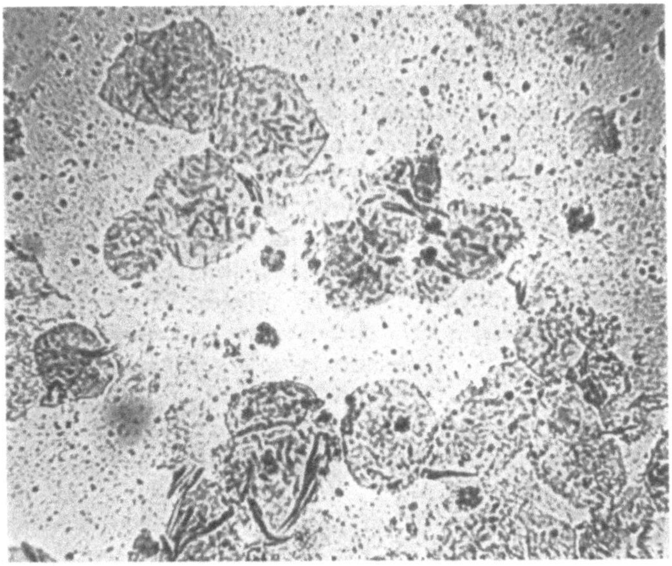

Abb. 3. Scheidenschleimabstrich der Fähe Nr. 14, zweiunddreißig Tage nach dem ersten Deckakt. Erst jetzt wird die Ranz einsetzen. Man sieht nur große, verhornte, kernlose Zellen von allerdings noch rundlicher Form. Vergrößerung etwa 600 ×

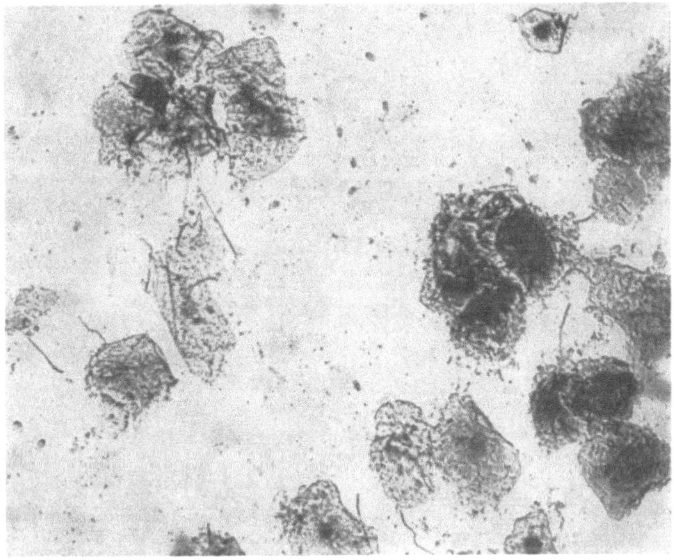

Abb. 4. Dieselbe Fähe von Abb. 2 und 3 in Vollranz. Sehr große eckige Zellen. Man sieht auch einige zerrissene Spermatozoiden. Vergrößerung etwa 450 ×

Schwellung der Labia konnte nicht beobachtet werden. Am 23. März konnte man auf Grund des untersuchten Abstriches auf Vollranz schließen. Außer dem charakteristischen schuppenähnlichen, kernlosen Zellen fanden wir im Präparat vereinzelte Spermatozoiden (Abb. 4). Der Deckakt war wahrscheinlich nur von kurzer Dauer, so daß ihn der Züchter übersehen hatte. Weitere Deckungen fanden zwischen dem 24. bis 28. März, insgesamt 9mal statt. Ein Wurf erfolgte nicht. Im vorhergehenden

Jahre (1957) hatte diese Fähe 11 Junge aufgezogen. Im Zuchtjahre 1956 erfolgte eine Frühgeburt von 7 Föten.

Bei demselben Züchter ereignete sich bei der Blaufuchsfähe Nr. 8-1956 noch nachfolgender interessanter Begattungsverlauf. Die erste Begattung der Fähe erfolgte am 19. Februar. Die von mir entnommene Schleimprobe (Abb. 5) war trotz der großen Anzahl von vorgefundenen Spermatozoiden typisch für das Anoestrusstadium. Die Fähe wurde weiterhin täglich zum Rüden gebracht. Am 1. März, also nach 10 Tagen erfolgte erneut ein Deckakt noch immer ohne Ranzzeichen in der Vagina. Die Vulva war nicht geschwollen. Erst gegen den 11. März konnte man eine merkliche Vergrößerung der äußeren Schamteile bemerken. Der Scheidenabstrich zeigte einen ziemlich hohen Prozentsatz verhornter, großer Epithelzellen, von denen etwa die Hälfte noch einen abgerundeten Rand aufwies. Daneben findet man aber auch kleine, runde Zellen, Schleim und Leukocyten. Ein dritter Deckakt wurde am 14. März erreicht und dann noch einige Male in den nächsten Tagen. Der Wurf blieb aus. Im vorhergehenden Jahre hatte diese Fähe 11 Welpen geboren und aufgezogen.

Ein weiterer ebenfalls im Jahre 1958 beobachteter Fall fand bei dem Züchter G. GRZYBEK in Kiekrz statt. In diesem Betrieb wurden die Vaginalsekretproben

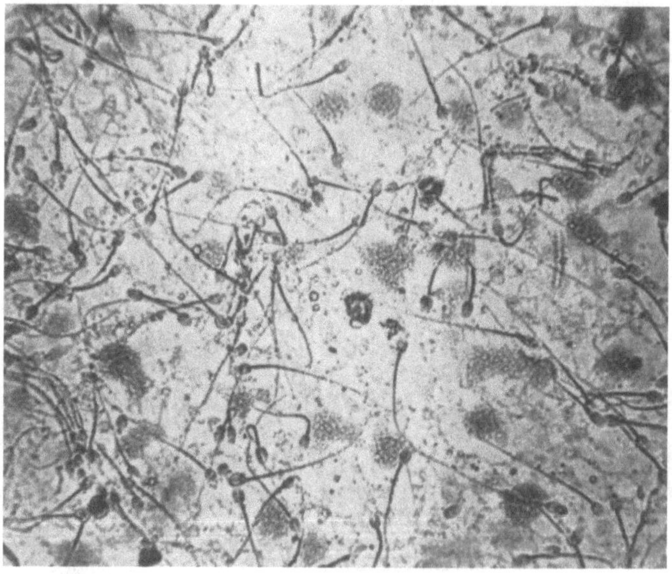

Abb. 5. Scheidenabstrich der Fähe Nr. 8. Trotz der großen Anzahl von Spermatozoiden findet man keine Zellenelemente, die für die Ranz typisch wären. Vergrößerung etwa 600 ×

unserseits schon seit 3 Zuchtjahren laufend von allen etwa 20 Fähen der Zucht in 7tägigen Zeitabständen entnommen. Im Jahre 1958 fand die erste Entnahme am 4. Februar statt und erfolgte wöchentlich bis zum Zeitpunkt der Deckungen. In den vorher und auch am 1. März entnommenen Scheidensekretproben der Blaufuchsfähe Nr. 53 (Jahrg. 1955) fanden wir hauptsächlich Schleim, wenig Zellenelemente, wenig Leukocyten und vereinzelte kernlose, verhornte, ziemlich kleine Epithelzellen (Abb. 6). Am 6. März fand bei dieser Fähe unerwartet eine Deckung statt. Im Scheidenabstrich befanden sich nur einzelne, verhornte Zellen, dagegen viel dickflüssiger Schleim und einkernige, teilweise in Schleimklumpen zusammengeballte Leukocyten. Die eigentliche Ranz und erfolgreiche Begattung fand ab 16. März statt, die Geburt (8 Welpen) erfolgte am 7. Mai.

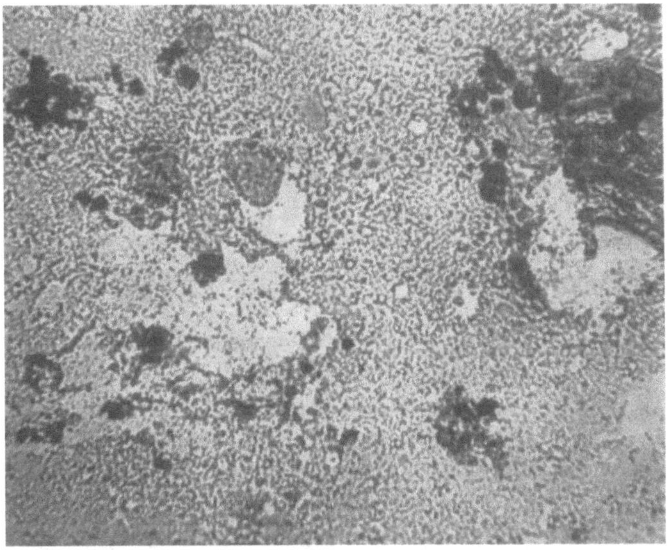

Abb. 6. Im Scheidensekret der Fähe Nr. 53 befinden sich nur wenige Leukocyten, teilweise in Schleim verklebt, einzelne verhornte aber verhältnismäßig kleine Zellen (in der Mitte der Mikroaufnahme) und viel dickflüssiger Schleim. Nichts deutet darauf, daß sich die Fähe nach 5 Tagen dekken lassen wird. Vergrößerung etwa 600 ×

Die angeführten Beobachtungen beweisen, daß sowohl bei Silber- als auch bei Blaufuchsfähen in vereinzelten Fällen Begattungen während der Trächtigkeit stattfinden können.

Ebenfalls kann es ausnahmsweise vorkommen, daß der Deckakt außerhalb der Ranz von Fähen zugelassen wird. Es gelang uns in vier Fällen nachzuweisen, daß bei diesen vorzeitig erfolgten Deckakten die typischen Veränderungen der Vaginalschleimhaut nicht einzutreten brauchen. In keinem Falle hat, bei Ausbleiben der Veränderungen in der Vagina, die erfolgte Kopulation eine Trächtigkeit bewirkt. Demnach ist die von den Züchtern oft benutzte Bezeichnung „zweimalige Ranz“ oder „verlängerte Ranz“ [z. B. in der zitierten Literatur (1), (4), (5)] als biologisch irreführend abzulehnen. In allen beobachteten Fällen ist die eigentliche Ranz mit den typischen Veränderungen in der Vagina zu einem späteren Termin, innerhalb 10—32 Tagen eingetreten, welche in zwei Fällen eine normale Trächtigkeit und Geburt herbeigeführt hat. Somit darf angenommen werden, daß eine eiabsondernde Tätigkeit der Eierstöcke bei vorzeitiger Deckwilligkeit nicht eintritt.

Während unserer vierjährigen Beobachtung von insgesamt etwa 220 Silber- und 420 Blaufuchsfähen[1] sind alle vier Fälle vorzeitiger Deckungen nur bei Blaufüchsen erfolgt.

[1] Die genannte Anzahl betrifft die Summe der beobachteten Fähen der einzelnen Jahre ohne Berücksichtigung, wieviel von diesen Fähen bereits im vorgehenden Jahre zahlenmäßig einbegriffen waren.

Hieraus und nach persönlichen Mitteilungen der Leiter einiger hiesiger Großfarmen als auch den angeführten Beobachtungen von E. D. ILINNA darf geschlossen werden, daß Fälle von der im Anfang besprochenen anormalen Ranz und Begattung bei Alopex lagopus nicht besonders selten vorkommen, wahrscheinlich bedeutend häufiger als bei Vulpes fulva.

Ferner kann festgestellt werden, daß eine individuelle, organische Neigung zur gelegentlichen Deckwilligkeit außerhalb der Ranz nicht zu bestehen scheint. In allen von uns beobachteten und nach anderen Autoren zitierten Fällen trat diese Erscheinung bei derselben Fähe nur einmalig auf, obwohl es sich größtenteils um mehrjährige Zuchtfähen handelte. In unserem Falle beobachteten wir die genannten vier Fähen mit anormaler Ranz noch weiter bis zum Zuchtjahre 1959, ohne in irgendeinem Falle eine Wiederholung des ungewohnten sexuellen Verhaltens feststellen zu können. Auch scheint nach unseren Ermittlungen ein näherer Verwandtschaftsgrad zwischen den vier beobachteten Blaufuchsfähen mit anormaler Ranz nicht vorgelegen zu haben, obwohl drei von ihnen ein und derselben Farm angehörten.

Zusammenfassung

Fälle von sogenannter „zweimaliger Ranz" bei Silber- und Blaufuchsfähen werden angeführt. Unter etwa 600 beobachteten Fähen, bei denen das Scheidensekret im Laufe von vier Zuchtjahren geprüft wurde, fanden sich vier Blaufuchsfähen, welche eine Deckwilligkeit zweimalig in großen Zeitabständen zeigten. In keinem Falle wies der Scheidenschleim bei der ersten Begattung das typische Oestrusbild auf. In allen vier Fällen ist später nach 10—32 Tagen die eigentliche Ranz eingetreten, die in zwei Fällen zur Trächtigkeit und Geburt geführt hat. Eine individuelle Praedisposition zur anormalen Ranz scheint nicht zu bestehen, jedoch scheinen derartige Fälle bei Alopex lagopus bedeutend häufiger aufzutreten als bei Vulpes fulva.

Резюме

Приводятся случаи т. н. „двукратной охоты" самок чернобурой лисы и голубого песца. Среди примерно 600 самок у которых выделение влагалища проверялось в течение четырех лет разведения, были обнаружены четыре самки, которые проявляли готовность к покрытию в два срока с большим между ними промежутком времени. Ни в одном случае выделение влагалища при первой случке не проявляло типичной картины эструса. Во всех четырех случаях по истечении 10—32 дней наступила настоящая охота, которая в двух случаях приводила к беременности и к родам. Индивидуального предрасположения к аномальной охоте повидимому нет, однако, такие случаи у Alopex lagopus очевидно бывают значительно чаще, чем у Vulpes fulva.

Summary

Some cases of the so-called "two times sexual excitement" in female silver and blue foxes are stated. Of about 600 females of which the vaginal secretion has been examined in the course of four breeding years, 4 female blue foxes were willing to be served twice at long intervals. The vaginal mucus at first mating showed in no cace the typical oestrus symptoms. The actual mating occurred in all 4 cases after 10—32 days. In two cases it was followed by pregnancy and birth. An individual predisposition for anomalous mating does not seem to exist but such cases are likely to occur more often with Alopex lapopus than with Vulpes fulva.

Literaturverzeichnis

1. BÄUMER, F. in: Der deutsche Pelztierzüchter 1942, 17. Jahrg., S. 10.
2. DELITSCH, E. in: Der deutsche Pelztierzüchter 1938, 13. Jahrg., S. 437.
3. ALBRECHT, M. in: Der deutsche Pelztierzüchter 1938, 13. Jahrg., S. 331.
4. GAUCK, J. in: Der deutsche Pelztierzüchter 1939, 14. Jahrg., S. 12.
5. A. W., Vara Pälsdjur 1937, 8. Jahrg., S. 192.
6. ILINNA, E. D. in: Swjerowodstwo, S. 206. Moskwa 1952.
7. STARKOW, I. D.: Sexual Cycle of Silver-black Fox (Vulpes fulva). In: Advance of Zootechnical Science 1937, 3. Jahrg., S. 385.
8. KAKUSHKINA, A. A.: The normal reproductive Cycle of Silver Foxes. In: Bulletin de Biologie et de Médicine Expérimentale 1937, **4**, S. 26.
9. JOHANSSON, I.: Reproduction in the Silver Fox. In: The Annals of the Agricultural College of Sweden. 1938, 5. Jahrg., S. 179.
10. JACZEWSKI, Z., PODGÓRSKA-MYŚLICKA, H., WOLIŃSKI, Z.: Rozmaz pochwowy u lisów srebrzystych w róznych okresach cyklu płciowego. In: Roczniki Nauk Rolniczych. 1955, **67-E-1**, S. 125.

Verfasser: Professor Dr. J. SZUMAN, Katedra Szczeg. Hodowli Zwierzat W. S. R. Poznan (VR. Polen) ul. Wołynska 33

Aus dem Institut für Tierzuchtforschung Dummerstorf der Deutschen Akademie der Landwirtschaftswissenschaften zu Berlin
(Direktor: Prof. Dr. Dr. h. c. W. STAHL)
Versuchsstation für Pelztierforschung Appelburg (Leiter: Dr. J. RECK)

J. RECK

Vergleichende Untersuchungen über die Wirksamkeit der Mineralstoffpräparate „Mykostin-Spezial“ und „Nefu“ in der Nerzfütterung

Eingegangen am 15. 4. 1959

Der Zusatz von Mineralstoffen zu dem Futter für Pelztiere wird schon sehr lange und mit gutem Erfolg angewendet. Ausgehend von einfachen Futterkalken wird die Zusammensetzung der chemischen Präparate vielseitiger entsprechend dem jeweiligen Stand der Forschung.

Von ihrer ausreichenden Zufuhr hängen die fermentative Steuerung der Stoffwechselvorgänge, die Fortpflanzungstätigkeit und der geordnete Aufbau des Körpers, letzten Endes die Erhaltung der Gesundheit oder gar des Lebens ab.

Im allgemeinen verstehen wir auch in der Pelztierfütterung unter Mineralstoffen die Verbindungen des Kalziums, Magnesiums, des Kaliums, Natriums, Schwefels und Phosphors. Von nicht geringerer Bedeutung, wenn auch in weit geringeren Mengen vorhanden und wirksam sind Spurenelemente, wie Mangan, Fluor, Kupfer, Eisen, Kobalt und Zink.

Fast alle neuen Mineralstoffpräparate werden mit Vitaminen komplettiert.

In reicher Zahl werden dem Tierzüchter und Tierhalter derartige Produkte angeboten. Die Auswahl fällt oft schwer und sehr oft entscheidet der Preis die Bevorzugung des einen oder des anderen Präparates.

Nachdem nun schon seit 10 Jahren das „Mykostin“ der Firma Dr. Ponsold & Co., Oschersleben in der DDR in der Pelztierfütterung hauptsächlich Verwendung findet, wird seit dem Jahre 1957 das Präparat „Nefu“ der Firma Pharmasan Halle/Sa. den Nerzzüchtern angeboten.

Sehr häufig forderten uns Züchter auf, ihnen bei der Entscheidung zu dem einen oder dem anderen behilflich zu sein, so daß wir uns veranlaßt sahen, einen vergleichenden Fütterungsversuch an Nerzen durchzuführen und aus seinen Ergebnissen eine Aussage zu machen.

Die Prüfung der Präparate erfolgte im Jahre 1958 in zwei Teilen. Der erste Abschnitt umfaßt die Zeit von der Vorranz bis zum 1. Juli, betrifft also die Wirksamkeit auf Fruchtbarkeit der Fähen und Aufzucht der Welpen bis zum Absetzen. Der zweite Abschnitt lief vom 1. Juli bis zur Pelzung am 12. 12., umfaßt also die weitere Aufzucht und die Fellentwicklung. In der ersten Etappe wurde gleichzeitig eine Sonderanfertigung des „Mykostin-Spezial“ mit Vit. E geprüft.

Für den Versuch wurden 3 Gruppen aus rassen- und altersmäßig gleichwertigen Nerzfähen zusammengestellt. Vom 3. 2. 59 an erhielten 26 Fähen täglich je 4 g „Nefu“ (N) in das Futter eingemischt, 29 Fähen täglich je 2 g „Mykostin-Spezial“ (MS) und vom 17. 2. 58 an 28 Fähen je 2 g täglich „Mykostin-Spezial mit Vit. E“

(ME) in das Futter eingemischt. Alle anderen Bedingungen waren für sämtliche Versuchsfähen gleich.

In allen Fällen blieb die Futteraufnahme normal. Die Ranz verlief ohne Störungen, ebenfalls die Wurfzeit.

Die Wurfstärke stellt das erste Kriterium dar. Die bis zum 1. 6. und bis zum 1.7. aufgezogenen Welpen wurden ebenfalls bewertet. Die Ergebnisse sind der Tab. 1 zu entnehmen.

Tabelle 1
Ergebnisse N—M — Versuch Nerze
I. Teil 1958 (Fruchtbarkeit)

Gruppe[1]	Var.-Zahl	Befruchtungsergebnis	Wurfergebnis		Aufzucht bis 1. 6. 58			Aufzucht bis 1. 7. 58		
			abs.	ø	abs.	ø	%	abs.	ø	%
N	26	(20) 76,92%	118	4,538	105	4,038	88,98	97	3,730	82,20
MS	29	(26) 89,65%	138	4,758	133	4,586	96,36	125	4,310	90,57
ME	28	(24) 85,71%	105	3,750	99	3,535	94,26	98	3,500	93,33

[1] N = Nefu; MS = Mykostin-Spezial; ME = Mykostin-Spezial mit Vit. E.

Es ist zu bemerken, daß in der ME-Gruppe in 3 Fällen der ganze Wurf von der Mutterfähe wenige Tage nach der Geburt gefressen worden ist. In den beiden anderen Gruppen kam Kannibalismus in der krassen Form nicht vor, wenn auch vereinzelt, Welpen von der Mutter oder den Wurfgeschwistern gefressen wurden. Das Auffressen machte den Hauptanteil aller Verluste aus, wobei wir nicht feststellen konnten, ob das verlorene Tier vorher eingegangen ist (Erkältung mit tödlicher Lungenentzündung kommt sehr häufig vor), oder als gesundes Tier von den Wurfgeschwistern angefallen worden ist.

Hinsichtlich des Befruchtungsergebnisses entsprechen die 89,65% der MS-Gruppe kaum den normalen Werten bei Nerzen, während in der N-Gruppe mit 76,92% ein schlechter Erfolg erzielt wird. Auch in den anderen Werten weisen die Nerze der MS-Gruppe bessere Ergebnisse auf. Ein Jungtierbestand von 4,3 pro angesetzte Fähe am 1. 7. ist ein sehr gutes Aufzuchtergebnis.

Die geringsten Leistungen finden wir in der ME-Gruppe. Das bestätigt unsere Ergebnisse aus dem Jahre 1956 hinsichtlich der Anwendung von technischen Vit. E-Präparaten zur Steigerung der Fruchtbarkeit der Nerze. Auf Grund der damaligen außerordentlich schlechten Erfolge mußten wir die Verwendung von technischen Vit. E- und auch Hormonpräparaten in der Nerzfütterung ablehnen.

Die statistische Auswertung des Zahlenmaterials ergibt keine Sicherung der Unterschiede zwischen den Werten aus der Tab. 1. Es werden nur die Werte der N-Gruppe und der MS-Gruppe verglichen.

In Fortsetzung dieses Versuches haben wir bereits vom 1. Juni an für die Jungnerze, ihren Gruppenherkünften entsprechend, die Präparate mit verabfolgt. Eine Trennung des Futters für die Fähen und für die Welpen in den gleichen Gehegen

Tabelle 2
Varianzanalysen N—M Versuch

Kriterium	F-Test	Tab.-Wert (P = 5%)
Wurfergebnis	0,111	(≦ 4,03)
Aufzucht bis 1. 6.	0,646	(≦ 4,03)
Aufzucht bis 1. 7.	1,078	(≦ 4,03)

war ohnehin nicht möglich. Die Mengen wurden im Verlauf des Monat Juni soweit gesteigert, daß vom 1. 7. an auch die abgesetzten Welpen den vollen Zusatz erhielten, also 4 g „Nefu“ bzw. 2 g „Mykostin-Spezial“ täglich.

Aus technischen Gründen konnten wir in dem 2. Teil des Versuches nicht die volle Tierzahl jeder Gruppe übernehmen. Es verblieben in der „Nefu“-Gruppe 105 Nerze, in der „Mykostin-Spezial“-Gruppe 134 Nerze.

Die Nerze der ME-Gruppe wurden vom 1. 7. an zusammen mit den Resttieren aus der N- bzw. MS-Gruppe in eine neue Gruppe mit insgesamt 152 Nerzen überführt. Diese 152 Nerze erhielten vom 1. 7. 1958 an täglich je 3 g „SVP-PON“ in das Futter eingemischt. Das „SVP-PON“ besteht aus dem „Mykostin-Spezial“ mit einem Eiweißträger. Es wird ebenfalls von der Firma Dr. Ponsold & Co., Oschersleben speziell für die Aufzuchtperiode nach dem Absetzen hergestellt.

Zu prüfen war in diesem Teil die Gewichtszunahme der Jungnerze und die Gewichtszunahme der Altfähen als sehr wichtiges Kriterium, weil die abgesäugten Fähen zur Zeit des Absetzens außerordentlich schwach sind und neben ihrer Rekonvaleszens noch zu einer guten Fellentwicklung kommen sollen.

Für die Fellqualität zur Zeit der Pelzung haben wir Noten von 1 bis 4 verteilt, wobei 1 die schlechteste, 4 die beste Qualität ausdrückt. Eine Note umfaßt den Gesamteindruck von einem Fell. Die Felle wurden jeweils an den getöteten, aber noch nicht abgezogenen Nerzen nach den Komponenten Farbe der Unterwolle, Dichte der Unterwolle, Farbe der Grannenhaare, Dichte und Länge der Grannenhaare untersucht. Die aus den Gruppen als Zuchttiere ausgesuchten Nerze wurden nach gleichen Gesichtspunkten in der Untersuchungsfalle begutachtet.

Hinsichtlich der Farbe haben wir zunächst einige Standardwerte im diffusen Tageslicht ausgesucht, diese dann in dem Tötungsraum unter einer 500 Watt-Lampe betrachtet und danach alle anderen Felle unter der gleichen Lichtquelle untersucht.

Die ermittelten Zahlen weist die Tab. 3 aus.

Dem Präparat „Nefu“ muß eine leichte Überlegenheit bei der Gewichtsentwicklung der Jungnerze zuerkannt werden. Auch hinsichtlich der Endgewichte liegt ein Vorteil bei den Jungnerzen der „Nefu“-Gruppe, abgesehen von den Standard-Jungfähen.

Ganz andere Verhältnisse finden wir bei den Altfähen. Es war zu erwarten, wie es auch die Praxis jedes Jahr erweist, daß die Fähen mit größeren Würfen einen höheren Verlust an Körpersubstanz erleiden. So stehen auch die Altfähen der MS-Gruppe

Tabelle 3
Ergebnisse N—M Versuch Nerze
2. Teil 1958

Gruppe	Tierart	Varianten-zahl	⌀-Gewicht 1. 8. 58 in g	⌀-Gewicht 12. 12. 58 in g	⌀-Zunahme in g	⌀-Fellnote
N	Standard-	29	906	1239	333	2,1
MS	Jungrüden	29	926	1212	286	2,1
SVP		21	900	1171	271	1,8
N	Standard-	29	715	903	188	2,1
MS	Jungfähen	28	726	935	209	2,1
SVP		34	725	890	165	2,0
N	Standard-	9	761	842	81	2,2
MS	Altfähen	9	688	855	167	1,8
SVP		18	747	860	123	2,1
N	Mutations-	17	827	1023	196	1,8
MS	Jungrüden	31	821	1019	198	2,1
SVP		31	863	1059	196	2,3
N	Mutations-	14	700	833	133	1,9
MS	Jungfähen	28	676	787	111	2,0
SVP		29	691	821	130	2,5
N	Mutations-	7	806	930	124	2,1
MS	Altfähen	9	734	929	195	2,2
SVP		19	743	879	136	2,4

mit geringerem Körpergewicht gegenüber den Altfähen der anderen Gruppen am Beginn des 2. Versuchsabschnittes. Am Ende sind die Gewichte annähernd ausgeglichen. Das bedeutet, daß die Zunahme an Körpergewicht in der MS-Gruppe weit höher liegt, als in der N-Gruppe. Da alle anderen Fütterungs- und Haltungsbedingungen gleich waren, muß eine positive Wirkung des „Mykostin-Spezial" erkannt werden.

Diesen Punkt haben wir einer statistischen Prüfung unterzogen. Dabei ergab die Varianzanalyse lediglich eine schwache Signifikanz des Unterschiedes zwischen den Zunahmen der Standardaltfähen der N-Gruppe und MS-Gruppe. Die SVP-Gruppe wurde nicht berücksichtigt. Die Ergebnisse weisen die Tab. 4 und 5 aus.

Tabelle 4
Gewichtszunahmen der Standard-Altfähen

	SQ	FG	s^2	F-Test	Tab.-Wert (5%)
Total	136 003	17	8 000,1		
N—MS	32 806	1	32 806	5,08	(4,45)
Fehler	103 197	16	6 449,8		

Tabelle 5
Gewichtszunahme der Mutations-Altfähen

	SQ	FG	s^2	F-Test	Tab.-Wert (5%)
Total	145 906	15	9 727		
N—MS	19 360	1	19 360	2,14	(4,54)
Fehler	126 546	14	9 039		

Die Werte der Fellnoten haben in ihren geringen Differenzen wenig Aussagewert. In einem Fall, nämlich bei den Standardaltfähen, finden wir die Fellqualität der N-Gruppe um 0,4 Noten besser als die der MS-Gruppe. Bei den Mutationsjungnerzen beider Geschlechter sowie bei den Mutationsaltfähen liegen die besseren Qualitäten in den MS-Gruppen. Recht gute Qualitäten weisen die Mutationsnerze der SVP-Gruppe auf. Auch die Körpergewichtszunahmen in den Altfähenklassen sind mit diesem Präparat recht gut. Hinsichtlich seines Eiweißgehaltes bedarf dieses Präparat besonderer Überlegungen bei seinem Einsatz in einer exakt gesteuerten Fütterung. In der breiten Praxis wird entweder diesem Umstand wenig Rechnung getragen, so daß eine Eiweißverschwendung befürchtet werden muß, oder aber das andere Extrem tritt ein, daß mit diesem Mittel versucht wird, einen Teil des Eiweißbedarfes der Nerze zu decken und in Überschätzung dieser Möglichkeit ein Eiweißmangel in der Fütterung entsteht. Die Komponenten eines Nerzfutters sind zu zahlreich und zu variabel, um für alle praktischen Gegebenheiten ein gültiges Rezept für das SVP-PON mitzugeben.

Ein Wort zur Preisfrage. Nach den derzeitigen Preisen kostet 1 kg

	ab Werk	im Ladenverkauf
Mykostin-Spezial	3,12 DM	6,35 DM
Nefu	3,00 DM	4,80 DM

Nach den vom Werk gegebenen Dosierungshinweisen liegt der Verbrauch an „Nefu“ pro Nerz aber weit über dem des Mykostin, so daß mindestens eine Kostengleichstellung im Endeffekt erreicht wird.

Wir müssen auf Grund unserer Versuchsergebnisse eine Überlegenheit des „Mykostin-Spezial“ hinsichtlich der Leistungen der Nerze in den wichtigsten Etappen eines Zuchtjahres gegenüber dem „Nefu“ erkennen.

Gewarnt sei an dieser Stelle aber vor einer übermäßigen Anwendung von Mineraltoffpräparaten in der Nerzfütterung. Die heute allgemein bekannte und gefürchtete Krummspitzigkeit der Grannenhaare bei Nerzen wird durch derartige Präparate gefördert, wie unsere Versuche des Jahres 1958 ergeben haben. Über qualitative und quantitative sowie auch zeitliche Abgrenzungen der Mineralstoffgaben und ihrer Wirkung hinsichtlich der Krummspitzigkeit wird zu einer späteren Zeit von uns berichtet.

Zusammenfassung

Mit dem Ziel einer Praxisberatung auf Grund exakter Versuchsergebnisse wird in dem Institut für Tierzuchtforschung Dummerstorf ein ganzjähriger, vergleichender Fütterungsversuch an Nerzen mit den Mineralstoffpräparaten „Mykostin-Spezial" der Firma Dr. Ponsold & Co., Oschersleben und „Nefu" der Firma Pharmasan-Halle durchgeführt. Die Präparate werden in den von den Werken vorgeschriebenen Dosen mit dem Futter verabfolgt. Verglichen werden die beiden Tiergruppen hinsichtlich des Befruchtungsergebnisses, Wurfergebnisses, Aufzuchtergebnisses bis zum 1. 7., der Gewichtsentwicklung der Altfähen und Jungnerze bis zur Pelzung und die Fellqualität zur Zeit der Pelzung. Die mit „Mykostin-Spezial" gefütterten Nerze zeigen eine leichte Überlegenheit in ihren Leistungen. Jedoch ist nur die bessere Gewichtszunahme der Standardaltfähen der MS-Gruppe signifikant.

Резюме

В Институте исследования животноводства в Думмерсторфе в течение целого года проводится сравнительный опыт кормления норок препаратами минеральных веществ „Микостин-Специал" фирмы д-ра Понзольд и ко., в Ошерслебене, и „Нефу" фирмы Фармазан-Галле с целью консультаации практики на основе точных опытных данных. Препараты скармливались вместе с кормом в дозах, предписанных заводами — изготовителями. Обе группы зверей сравнивались относительно результатов оплодотворения, помета, выращивания до 1. 7., развития веса старых самок и молодых норок до забоя и качества шкурок во время забоя. Норки, кормившиеся препаратом „Микостин-Специал" проявляли небольшое превосходство в производительности. Однако только более значительное увеличение веса стандартных самок МС-группы было значимым.

Summary

In order to advise mink breeders as to the choice of mineral preparations the Institut für Tierzuchtforschung Dummerstorf conducted a year-long comparative mink feeding experiment with the mineral preparations "Mykostin-Spezial" of Messrs. Dr. Ponsold & Co., Oschersleben, and "Nefu" of Messrs. Pharmasan-Halle. The preparations were mixed with the food as prescribed by the manufacturers. The two groups were compared concerning the result of fertilization, litter size, result of rearing until 1st July, weight development of old females and young minks until pelting and the fur quality at pelting. Minks fed with "Mykostin-Spezial" were slightly superior in their performances. However, only the better weight gain of the old standard females of the group fed wirth "Mykostin-Spezial"" was significant.

Verfasser:

Dr. J. RECK, Versuchsstation für Pelztierforschung, Plau-Appelburg

Titel der im Landwirtschaftlichen Zentralblatt Heft 6, 1959 referierten Arbeiten auf dem Gebiet der Kleintierzucht

Aus: Allgemeine Tierzucht

System-Nr.

H. D. BRANION: **Die Geschichte der „Poultry Science Association“ (1908—1958).** (The history of the Poultry Science Association 1908—1958.) (Poultry Sci. **37.** 983 bis 1009. 1050. 1070. 1085. 1090. 1093. 1099. 1111. 1123. 1143. 1153. 1255. Sept. 1958. Guelph. Ontario, Canada, Ontario Agric. Coll.) 30

H. D. BRANION: **Die Geschichte der „Poultry Science“.** (Poultry Science — its history.) (Poultry Sci. **37.** 1010—21. Sept. 1958. Guelph, Ontario, Canada, Ontario Agric. Coll.) 30

HEINRICH HAVERMANN: **Der Weltgeflügelkongreß in Mexiko.** (Dtsch. Wirtschaftsgeflügelzucht **10.** 911—13. 6/12. 1958. Bonn.) 200

W. KLOFT: **Arbeitstagung über Honigtaufragen in Freiburg i. Br. (4.—5. Juli 1958).** (Z. Bienenforsch. **4.** 126—30. Okt. 1958. Würzburg.) 200

J. v. EVANS und A. T. PHILLIPSON: **Die Elektrolytkonzentrationen in den Erythrocyten von Ziege und Rind.** (Electrolyte concentrations in the erythrocytes of the goat and ox.) (J. Physiol. **139.** 87—96. 14/11. 1957. Bucksburn, Aberdeens., Rowett Res. Inst.) 1120

J. M. DIXON und BETTY J. TORBERT: **Eine Farbverdünnung zur direkten Auszählung von Vogel-Blutzellen.** (A dilution-stain for direct enumeration of avian blood cells.) (Poultry Sci. **38.** 222—23. Jan. 1959. Baton Rouge, La., Louisiana State Univ., Dep. of Veterin. Sci.) 1120

L. G. CHUBB und J. G. ROWELL: **Zählung von Kükenblutzellen.** (Counting blood cells of chickens.) (J. agric. Sci. **52.** 263—72. Apr. 1959. Houghton, Huntingdon, Houghton Poultry Res. Stat.; Cambridge, Univ., School of Agric., A.R.C. Statistics Group.) 1120

CHARLES KENNETH GUNN: **Schutz von Hühnern gegen eine Krebserzeugung durch Dibenzanthrazen.** (Protection of fowls against the induction of cancer by dibenzanthracene.) (Amer. Naturalist **93.** 44—45. Jan./Febr. 1959. Summerside, P.E.I., Canada, Boswell Estate.) 1125

R. HOEPSTEIN: **Die Entwicklung der Augenfarbe vom Küken bis zur Henne oder zum Hahn.** (Geflügelhof [Zollikofen-Bern] **21.** 354. 16/5. 1958.) 1165

A. W. NAPALKOW: **Untersuchung der Gesetzmäßigkeiten der Herausbildung komplizierter Systeme von bedingten Reflexen.** (А. В. Напалков.) (Изучение закономерностей выработки сложных систем условных рефлексов.) (Вестник Московского Университета, Серия Биологии, Почвоведения, Геологии, Географии [Nachr. Moskauer Univ., Ser. Biol., Bodenkunde, Geol., Geogr.] **13.** Nr. 2. 75—83. 1958. Moskau, Univ., Lehrstuhl für Höhere Nerventätigk.) 1250

A. W. TSCHETSCHOTKIN: **Altersmäßige Änderungen einiger biochemischer Indexzahlen in der Leber von Hühnern verschiedener Produktionsrichtung.** (А. В. Чечеткин.) (Возрастные изменения некоторых биохимических показателей в печени кур разной продуктивной направл енности.) (Украинский Биохимический Журнал [Ukrain. biochem. J.] **30.** 494—505. 1958. Charkow, Veterinärmed. Inst., Lehrstuhl für Biochem.) 1350

HANS FISHER und H. S. WEISS: **Eine weitere Mitteilung über das Entfernen des Kropfes beim Huhn.** (A further note on crop removal in the chicken.) (Poultry Sci. **36.** 345—46. März 1957. New Brunswick, N. J., Rutgers Univ., Poultry Dep.) 1385

W. J. MELLEN und B. C. WENTWORTH: **Thyroxin im Vergleich mit Trijodthyronin beim Geflügel.** (Thyroxine vs. triiodothyronine in the fowl.) (Poultry Sci.

System-Nr.

38. 228—30. Jan. 1959. Newark, Del., Univ. of Delaware, Dep. of Animal and Poultry Ind.) 1525

ELLEN F. MONKUS und E. P REINEKE: **Thyroidcirculation beim Kaninchen einschließlich der arteriovenösen Differenz.** (Thyroid circulation in the rabbit including arteriovenous difference.) (Amer. J. Physiol. **192.** 268—72. Febr. 1958. East Lansing, Mich., Michigan State Univ., Dep. of Physiol. and Pharmacol.) 1525

E. B. HALE und R. J. FLIPSE: **Die Schilddrüsenaktivität, mit radioaktivem Jod gemessen, und das Kampfverhalten bei Hähnen.** (Thyroid activity as measured with radioactive iodine and fighting behaviour in cocks.) (Poultry Sci. **37.** 187—89. Jan. 1958. University Park, Pennsylvania State Univ., Dep. of Poultry Husbandry; Dep. of Dairy Sci.) 1525

W. J. MELLEN: **Weitere Untersuchungen zur Geschlechtskontrolle bei Küken.** (Further comments on „controlling sex" in chickens.) (Poultry Sci. **36.** 1384—86. Nov. 1957. Newark, Univ. of Delaware, Dep. of Animal and Poultry Ind.) 1550

F. H. WILCOX: **Untersuchungen über die Vererbung von Coloboma der Iris beim Haushuhn.** (Studies on the inheritance of coloboma of the iris in the domestic fowl.) (J. Heredity **40.** 107—10. Mai/Juni 1958. College Park, Md., Univ. of Maryland, Dep. of Poultry Husbandry.) 1660

MITSUO TSUJITA und BUNGO SAKAGUCHI: **Untersuchungen über die mütterliche Vererbung des „lethal yellow" bei der Seidenraupe, Bombyx mori. 2. Mitt. Ovartransplantationen.** (Studies on the maternal inheritance of the lethal yellow in the silkworm, Bombyx mori. II. Ovarian transplantations.) (Jap. J. Genetics **33**; 210—15. Juli 1958. Misima, Nat. Inst. of Genetics.) 1660

I. I. NOWIKOW: **Über die Veränderung der Pigmentierung bei Hermelinkaninchen als Folge der Bluttransfusion fremder Rassen.** (И. И. Новиков.) (Об изменении пигментации у горностаевых кроликов в результате межпородного переливания крови.) (Журнал Общей Биологии [J. allg. Biol.] **20.** 214—15. Mai/Juni 1959. Leningrad, Inst. für Biol. der Shdanow-Univ.) 1685

R. A. BEATTY: **Schwankungen in der Zahl der Gelbkörper und in der Zahl und Größe von 6 Tage alten Blastocyten beim Kaninchen nach Polyovulationsauslösung.** (Variation in the number of corpora lutea and in the number and size of 6-day blastocysts in rabbits subjected to superovulation treatment.) (J. Endocrinology **17.** 248—60. Sept. 1958. Edinburgh, Inst. of Animal Genetics, A.R.C. Unit of Animal Genetics.) 1760

G. A. KODINETZ: **Die Beseitigung des auftretenden Brutinstinktes bei Hühnern mit Hilfe des Elektroschocks.** (Г. А. Кодинец.) (Устранение проявления инстинкта насиживания у кур при помощи электрошока.) (Птицеводство [Geflügelzucht] **8.** Nr. 11. 26—29. Nov. 1958. Cherson, Landwirtsch. Inst.) 1760

NANA WILHELM-KÄSTNER: **Ein Beitrag zur spontanen Maskulinisierung genetisch weiblicher Vögel.** (Dtsch. tierärztl. Wschr. **66.** 155—59. 15/3. 1959, Marl.) 1760

R. AMPRINO und M. CAMOSSO: **Experimentelle Beobachtungen über die Beeinflussung der distalen durch die proximalen Extremitätenabschnitte.** (Experimental observations on influences exerted by the proximal over the distal territories of the extremities.) (Experientia [Basel] **14.** 241—43. 15/7. 1958. Bari, Italy, Univ., Inst. of Human Anatomy, Polyclin.) 1840

P. E. LAKE, E. J. BUTLER, JENNIE W. McCALLUM und I. JEAN McINTYRE: **Eine chemische Analyse des Seminal- und Blutplasmas beim Hahn.** (A chemical analysis of the seminal and blood plasmas of the cock.) (Quart. J. exp. Physiol. cognate med. Sci. **43.** 309—13. Juli. 1958. Edinburgh. Agric. Res. Council Poultry Res. Centre; Moredun Inst., Animal Diseases Res. Assoc.) 1880

System-Nr.

H. J. H. DE MUELENAERE und G. V. QUICKE: **Untersuchungen über die Biochemie des Hahnenspermas. 1. Mitt. Im Samen vorkommende Zucker.** (Studies on the biochemistry of cock semen. I. Seminal sugars.) (South African J. agric. Sci. **1.** 67—74. 1958. Pietermaritzburg, South Africa, Agric. Res. Inst.) 1880

H. J. H. DE MUELENAERE und G. V. QUICKE: **Untersuchungen über die Biochemie des Hahnenspermas. 2. Mitt. Das Problem der bakteriellen Verunreinigung.** (Studies on the biochemistry of cock semen. II. The problem of bacterial contamination.) (South African J. agric. Sci. **1.** 139—49. 1958. Pietermaritzburg, South-Africa, Agric. Res. Inst.) 1880

G. V. QUICKE und H. J. H. DE MUELENAERE: **Untersuchungen über die Biochemie des Hahnenspermas. 3. Mitt. Dichtebestimmungen von Samen.** (Studies on the biochemistry of cock semen. III. Density measurements of semen.) (South African J. agric. Sci. **1.** 289—92. 1958. Pietermaritzburg, Univ. of Natal, Fac. of Agric.) 1880

R. A. BEATTY: **Ein Testversuch mit Heterosperma-Besamung beim Kaninchen.** (A pilot experiment with heterospermic insemination in the rabbit.) (J. Genetics **55.** 325—47. Juni 1957. Edinburgh, Inst. of Animal Genetics, Agric. Res. Council Staff.) 1880

M. C. CHANG: **„Capacitation" der Kaninchenspermien im Uterus unter besonderer Berücksichtigung der Fortpflanzungsstadien des Weibchens.** (Capacitation of rabbit spermatozoa in the uterus with special reference to the reproductive phases of the female.) (Endocrinology **63.** 619—28. Nov. 1958. Boston, Mass., Univ., Dep. of Biol.; Shrewsbury, Mass., Worcester Foundation for Exp. Biol.) 1880

P. N. WILSON: **Der Einfluß der Nahrungsmenge auf Wachstum und Gewichtsentwicklung ostafrikanischer Zwergziegen. 2. Mitt. Veränderungen der Körperteile weiblicher Lämmer zueinander in Abhängigkeit vom Alter.** (The effect of plane of nutrition on the growth and development of the East African dwarf goat. II. Age changes in the carcass composition of female kids.) (J. agric. Sci. **51.** 4—21. Aug. 1958. Kampala, Uganda, Univ. Coll. of East Africa.) 2110

T. R. MORRIS und S. FOX: **Künstliches Licht und Geschlechtsreife beim Huhn.** (Artificial light and sexual maturity in the fowl.) (Nature [London] **182.** 1522—23. 29/11. 1958. Univ. of Reading, Dep. of Agric.) 2170

ROBERT L. SQUIBB: **Die Beziehungen zwischen dem täglichen Temperatur- und Feuchtigkeitswechsel und der Legeleistung sowie der Futterverwertung bei New-Hampshire-Hennen.** (Relation of diurnal temperature and humidity ranges to egg production and feed efficiency of new hampshire hens.) (J. agric. Sci. **52.** 217—22. Apr. 1959. Guatemala, Minist. of Agric.; State Univ. of New Jersey, Dep. of Poultry Sci.) 2180

MARION JACOBSON, JOHN SPENCER, MARGARET HARD, MARGARET WELLER und E. A. SAUTER: **Untersuchungen über klassifizierende Faktoren bei der Beurteilung von zerlegtem Bratgeflügel durch professionelle Prüfer und Laienbegutachter.** (Tests of grading factors for cut-up fryers by laboratory and homemakers' panels.) (Poultry Sci. **37.** 206—12. Jan. 1958. Pullman, Washington Agric. Exp. Stat.) 2520

D. B. MELLOR, P. A. STRINGER und G. J. MOUNTNEY: **Der Einfluß von Glykogen auf die Zartheit beim Broiler-Fleisch.** (The influence of glycogen on the tenderness of broiler meat.) (Poultry Sci. **37.** 1028—34. Sept. 1958. Texas Agric. Exp. Stat., Coll. Stat.) 2520

MARION JACOBSON, JOHN SPENCER, MARGARET HARD und MARGARET WELLER: **Die Einflüsse der Behandlung mit Antibiotica, des Verpackungsmaterials und der Lagerung auf den Geschmack, den Geruch und das Aussehen des zerteilten bratfertigen Fleisches.** (The effects of antibiotic treatments, packa-

System-Nr.

ging films, and storage upon flavor, odor, and appearance of cut-up-fryers.) (Poultry Sci. **38.** 40—47. Jan. 1959. Pullman, Washington Agric. Exp. Stat.) 2520

Anonym: **Deutsches Standardei ab 1. September 1958.** (Prax. und Forsch. **10.** 208 bis 209. 22/9. 1958.) 2535

Anonym: **Verordnung über das „Deutsche Standardei".** (Prax. und Forsch. **10.** 209. 22/9. 1958.) 2535

Anonym: **Die Überprüfung der Eiqualität in Madisons Kleinhandelsgeschäften unterstützt die Bemühungen um Erziehung zur Qualität.** (Madison egg survey guides quality education efforts.) (Univ. Wisconsin, agric. Exp. Stat., annu. Rep., Bull. Nr. 527. 7—8. Juli 1957.) 2535

RODRIQUEZ ADAME: **Mexikos erste Eitrocknungsanlage.** (Mexico's first powdered egg plant.) Wld. Poultry Sci. J. **14.** 206—17. Juli/Sept. 1958.) 2535

S. BOSE: **Wie man Eier für längere Zeit haltbar machen kann.** (You can make eggs hold on longer.) (Indian Farming **8.** Nr. 5. 15—16. Aug. 1958. Izatnagar, Indian Veterin. Res. Inst.) 2535

JOSEF SAJNER: **Ölpenetration durch die Eierschale.** (Arch. Geflügelkunde **22.** 116—22. Apr. 1958. Brünn, Masaryk-Univ., Med. Fak. Pharmakol. Inst.) 2535

F. GÖRRES: **Ein lehrreiches, nachahmenswertes Beispiel.** (Dtsch. Wirtschaftsgeflügelzucht **10.** 913—14. 6/12. 1958. Thalexweiler.) 2660

Aus: Spezielle Kleintierzucht

Geflügel

F. C. BOBBY: **Die Entwicklung der Geflügelhaltung Neuseelands.** (How poultry farming has developed.) (New Zealand J. Agric. **97.** 121—24. 15/8. 1958. Wellington, Poultry Ind., Dep. of Agric.) 4601

WALTER ROSSMANN: **Die Geflügelhaltung in den Niederlanden.** (Dtsch. Wirtschaftsgeflügelzucht **10.** 774—75. 18/10. 1958.) 4601

C. ENGELMANN: **Zur Bewertung der New Hampshire.** (Dtsch. Geflügelztg. **8.** 216—17. 2. Mai-H. 1959. Rostock.) 4622

N. A. ANTADSE: **Hühnerrassen in der Grusinischen SSR.** (Н. А. Антадзе.) (Местные куры Грузинской ССР.) (Птицдеводство [Geflügelzucht] **8.** Nr. 12. 16—17. Dez. 1958.) 4630

S. SCHOLTYSSEK und C. BRODERSEN: **Die Hühnerleistungsprüfung Stuttgart-Hohenheim 1957/1958.** (Dtsch. Wirtschaftsgeflügelzucht **10.** 954—55. 20/12. 1958. Stuttgart-Hohenheim, Landwirtsch. Hochschule, Inst. für Tierzuchtlehre.) 4656

J. A. DE BEER: **Durch sorgfältige Auswahl zu besten Ergebnissen.** (Careful selection gives best results.) (Farming South Africa **34.** Nr. 7. 54—56. Okt. 1958. Glen, Coll. of Agric.) 4656

F. N. JEROME und C. M. HUNTSMAN: **Vergleiche in der Wachstumsrate von farbigen und rezessiv weißen Küken.** (A comparison of the growth rate of colored and recessive white chicks.) (Poultry Sci. **38.** 238—39. Jan. 1959. Guelph, Ontario, Canada, Ontario Agric. Coll., Dep. of Poultry Husbandry.) 4660

G. C. HODGSON und J. F. RICHARDS: **Die Wirkung einer Antipickflüssigkeit (Thram) auf die Fruchtbarkeit von Zuchtstämmen.** (The effect on fertility of applying an antipicking solution [thram] to breeding stock.) (Poultry Sci. **38.** 237—38. Jan. 1959. Winnipeg, Canada, Univ. of Manitoba, Poultry Dep.) 4672

W. G. SHANNON und E. C. KEENLEYSIDE: **Der Einfluß der Trockenreinigung auf die Schlupffähigkeit von Hühnereiern.** (The effect of dry buffing on the hatchability hen eggs.) (Res. exp. Rec. Ministry Agric. Northern Ireland **7.** 138—40. 1957., herausgeg. 1958. Cookstown, Loughry Agric. Coll.) 4674

System-Nr.

H. HARTWIGK und E. KRECH: **Untersuchungen über den Einfluß der Bruttemperatur auf den Verlauf der Pullorumseuche bei Küken.** (Arch. Geflügelkunde **21.** 292—302. Okt. 1957. Berlin, Freie Univ., Inst. für Veterin. Hyg.) 4674

STEVEN C. KING und WENDELL H. KYLE: **Die Wirkung des Transportes von Bruteiern auf die spätere Leistung.** (Effect of shipment of hatching eggs on future performance.) (Poultry Sci. **37.** 1175—77. Sept. 1958. Lafayette, Ind., Purdue Univ., North Central Regional Poultry Breeding Lab.) 4674

L. SCHUBERTH: **Die Körpertemperatur des Huhnes während der Lege- und Brutzeit.** (Dtsch. Geflügelztg. **7.** 518. 1. Dez.-H. 1958. Merbitz.) 4675

I. GYLSTORFF: **Gesundes Geflügel durch richtige Fütterung.** (Kraftfutter **41.** 248—52. Sept. 1958. München.) 4681

Anonym: **Billigere Futterrationen für Legehennen.** (Laying rations could be cheaper.) (Univ. Wisconsin, agric. Exp. Stat., annu. Rep., Bull. Nr. 527. 8—9. Juli 1957.) 4688

W. H. OTT, W. R. COBB und A. C. CUCKLER: **Weitere Studien über den Einfluß von Nicarbazin auf Wachstum und Futterverwertung von Masthähnchen.** (Further studies on the effect of nicarbazin on the growth and feed efficiency of broiler chicks.) (Poultry Sci. **37.** 909—13. Juli 1958. Rahway, N. J., Merck Inst. for Therapeutic Res.) 4690

E. E. VAN KOETSVELD und H. J. L. MAAS: **Untersuchungen über den Calcium-, Magnesium- und Mangangehalt der Eier.** (Een onderzoek naar de mineralen calcium, magnesium en mangaan in het kippeëi.) (Tijdschr. Diergeneeskunde **83.** 757—73. 1/9. 1958. Hoogland, Inst. voor Moderne Veevoeding „De Schothorst".) 4700

ROBERT JOHN EVANS, J. A. DAVIDSON, DORIS H. BAUER und SELMA L. BANDEMER: **Die Verteilung des Proteins in frischen und gelagerten Eiern.** (Distribution of proteins in fresh and stored shell eggs.) Poultry Sci. **37.** 81—89. Jan. 1958. East Lansing, Michigan State Univ. of Agric. and Applied Sci., Dep. of Agric. Chem. and Poultry Husbandry.) 4700

K. N. HALL und N. V. HELBACKA: **Verbesserung der Eiweißqualität.** (Improving albumen quality.) (Poultry Sci. **38.** 111—14. Jan. 1959. College Park, Maryland Univ., Dep. of Poultry Husbandry.) 4700

DANIEL FROMM: **Eine schnelle Methode für die Bestimmung der Eischalendurchlässigkeit.** (A rapid method for the determination of egg shell permeability.) (Poultry Sci. **38.** 171—73. Jan. 1959. Raleigh, N. C., North Carolina Agric. Exp. Stat., Poultry Sci. Dep.) 4700

N. R. KNOWLES und A. A. RUTHERFORD: **Einige Beobachtungen über die Schalenporosität und Schalendicke in Hinsicht auf den Mikrobenbesatz bei Hühnereiern.** (Some observations on shell porosity and shell thickness in hen eggs with special reference to microbial spoilage.) (Res. exp. Rec. Ministry Agric. Northern Ireland **7.** 131—37. 1957, herausgeg. 1958. Ireland, Minist. of Agric.; Aberdeen, Univ., A. R. C., Unit of Statistics.) 4700

L. SCHWARZ, O. BLOHM und E. KRASEMANN: **Beobachtungen an Eischalen und Eiern. 2. Mitt. Untersuchungen an dunkelpigmentierten Eiern vor und während der Bebrütung.** (Zool. Anz. **161.** 22—46. Juli 1958. Freie und Hansestadt Hamburg, Hyg. Inst.) 4700

N. R. KNOWLES und J. PATTON: **Einfluß der Trockenreinigung bei der Lagerung von fleckigen und schmutzigen Eiern.** (Storage behaviour of soiled and dirty eggs with special reference to dry cleaning.) (Res. exp. Rec. Ministry Agric. Northern Ireland **7.** 122—30. 1957, herausgeg. 1958 Northern Ireland, Minist. of Agric.) 4700

W. A. MILLER und RAY W. MORRISON: **Die Mikrobiologie von ehemals sauberen und schmutzigen Frühjahrs- und Sommereiern, die zusammen gewaschen wurden.** (The microbiology of formerly clean and dirty, non-segregated, washed, early spring and early summer eggs.) (Poultry Sci. **37.** 1022—28. Sept. 1958. Manhattan, Kans., Kansas Agric. Exp. Stat., Dep. of Bacteriol. and Poultry Husbandry.) 4700

System-Nr.

H. GEISSLER: **Desinfektionsmittel als Ursache der Geruchs- und Geschmacksbeeinflussung der Eier.** (Arch. Lebensmittelhyg. 10. 34—35. 20/2. 1959. Gießen, Justus-Liebig-Univ., Veterinärhyg. und Tierseuchen-Inst.) 4700

VITEZSLAV OREL: **Der Pseudomonas-Befall von Eiern einzelner Hennen.** (The pseudomonas spoilage of eggs laid by individual hens.) (Poultry Sci. 38. 8—12. Jan. 1959. Brno, Czechoslovakia, Res. Inst. for Milk and Eggs.) 4700

Anonym: **Eine produktive Haltung von 1000 Legehennen.** (A good living from 1000 layers.) (Farmer and Stock-Breeder 72. Nr. 3599. 155—57. 14/10. 1958.) 4706

L. SCHUBERTH: **Intensivhaltung der Hühner und Tierschutz.** (Tierzucht 12. 400—01. Dez. 1958. Landesinst. für Kleintierzucht „Merbitz".) 4707

W. O. WILSON und A. E. WOODARD: **Die Wirkung der Dunkelhaltung auf die Eiproduktion von Hühnern.** (Egg produktion of chickens kept in darkness.) (Poultry Sci. 37. 1054—57. Sept. 1958. Davis, Calif., Univ. of California, Poultry Husbandry Dep.) 4707

EMIL KOTTSIEPER: **„Tag- und Nachtschicht" oder „künstlicher Frühling" oder „16-Stunden-Kurztag"?** (Dtsch. Wirtschaftsgeflügelzucht 10. 815. 1/11. 1958.) 4707

DÉNES KARASSZON und ISTVÁN TÓTH: **Unrichtig behandelte verschimmelte Tiefstreu als Infektionsquelle der Aspergillose von Küken.** (Rosszul kezelt, penészes mélyalom, mint a csibék aspergillosisának a forrása.) (Magyar Állatorvosok Lapja (Ung. veterinärmed. Bl.) 14. 133—35. Apr. 1959. Kaposvár, Állategészségügyi Intézet.) 4708

J. L. RODRIGUEZ, jun. und L. A. RIEHL: **Malathion zur Bekämpfung von Milben bei Käfighennen.** (Malathion for control of chicken mites on hens in wire cages.) (J. econ. Entomol. 51. 158—60. Apr. 1958. Riverside, Univ. of California, Citrus Exp. Stat.) 4708

ROBERT L. LINKFIELD und W. MALCOLM REID: **Neue Acaricide und Insecticide bei der Bekämpfung von Ektoparasiten an Geflügel.** (Newer acaricides and insecticides in the control of ectoparasites of poultry.) (J. econ. Entomol. 51. 188—90. Apr. 1958. Athens, Univ. of Georgia, Coll. Exp. Stat.) 4708

E. GERRIETS: **Leistung durch Gesundheit.** (Dtsch. Wirtschaftsgeflügelzucht 10. 851—53. 15/11. 1958. Damsdorf, Abt. für Geflügelkrankh. und Forschungsabt. für Geflügelkrankh. der Humboldt-Univ. Berlin.) 4710

P. HILBRICH: **Beziehungen zwischen Geflügelkrankheiten, Haltung und Fütterung.** (Futter und Fütterung 9. 59—62. Aug. 1958. Hannover.) 4710

OTFRIED SIEGMANN: **Das Ausmaß der endoparasitären Verseuchung des Haushuhnes, hygienische Folgerungen und Bekämpfungsmöglichkeiten.** (Dtsch. Wirtschaftsgeflügelzucht 10. 951—53. 20/12. 10. 972—73. 27/12. 1958. Celle, Bundesforschungsanst. für Kleintierzucht. 4710

HERBERT PFEIFFER: **Raillietina (Skrjabinia) böhmi nov. spec., ein neuer Bandwurm vom Haushuhn.** (Z. Parasitenkunde 18. 470—78. 8/12. 1958. Wien, Tierärztl. Hochschule, Inst. für Allg. Zool. und Parasitenkunde. 4710

Anonym: **40 Nationale Geflügelschauen — ein Rückblick.** (Geflügelhof [Zollikofen-Bern] 21. 774—91. 14/11. 1958.) 4715

BÄRBEL BAUERMANN: **Bericht und Gedanken über die theoretische Lehrlingsausbildung in Erkner.** (Dtsch. Geflügelztg. 7. 497—98. 3. Nov.-H. 1958. Erkner.) 4715

JACOB BIELY: **Lehrplan für das Hauptfach Geflügel an der Fakultät für Landwirtschaft der Universität von British Columbia, Vancouver, Canada.** (Curricula for poultry majors in the Faculty of Agriculture, the University of British Columbia, Vancouver, Canada.) (Poultry Sci. 37. 1057—63. Sept. 1958. Vancouver, Brit. Columbia, Canada, Univ. of Brit. Columbia, Dep. of Poultry Sci.) 4715

J. C. ATKINSON, K. R. BENNETT und E. W. CALLENBACH: **Die Wirkung bestimmter Umweltfaktoren und des Geschlechts auf das Wachstum von Puten und deren Bedeutung für zukünftige Versuchsdurchführungen.** (Effect of certain

System-Nr.

environmental factors and sex on poult growth with reference to future experimental design.) (Poultry Sci. 37. 1051—54. Sept. 1958. Pennsylvania State Univ., State Coll.) 5052

W. F. ROONEY: **Der Einfluß des Körpergewichtes auf Fruchtbarkeit und Schlupfergebnis bei Breitbrüstigen Bronze Puten.** (The effect of body weight in broad breasted bronze turkeys upon fertility and hatchability. (Poultry Sci. 36. 229—31. März 1957. Tulare Country, Calif., Univ. of California, Agric. Extension Serv.) 5090

Anonym: **Geringer Eiweißgehalt des Putenfutters bei Weidehaltung.** (Low protein OK for turkeys on range.) (Univ. Wisconsin, agric. Exp. Stat., annu. Rep., Bull. Nr. 527. 9. Juli 1957.) 5096

ELMER E. GLESS und EARLE S. RAUN: **Insecticide Bekämpfung der Geflügellaus bei halbfrei lebenden Puten.** (Insecticidal control of the chicken body louse on range turkeys.) (J. econ. Entomol. 51. 229—32. Apr. 1958. Ames, Iowa State Coll., Dep. of Zool. and Entomol.) 5105

R. F. GORDON: **Die Bekämpfung der Putenkrankheiten in Großbritannien.** (De bestrijding van kalkoeneziekten in Groot Brittannie.) (Tijdschr. Diergeneeskunde 83. 932—43. 1/10. 1958. Huntington, England, Inst. voor Pluimvee-onder-zoek te Houghton.) 5110

Pelztiere

GEBERT: **Mechanisierung in der Edelpelztierzucht.** (Thüringer Kleintierzüchter 13. 130—31. 10/4. 1959.) 5301

Anonym: **Der verstellbare Schuppen.** (The adjustable shed.) (Amer. Fur Breeder. 32. Nr. 1. 10—11. Jan. 1959.) 5301

Anonym: **Ratschläge für die Anschaffung von Dampf-Reinigungsgeräten.** (Tips on choosing a steam cleaner.) (Amer. Fur Breeder 31. Nr. 11. 20. 54. 56. Nov. 1958.) 5301

N. K. KOWALEWSKAJA: **Die Verfütterung von Robbenfleisch an Nerze.** ((Н. К. Ковалевская.) (О скармливании тюленьего мяса норкам.) (Кролиководство и Звероводство [Kaninchen- u. Pelztierzucht] 1. Nr. 6. 33. Nov./Dez. 1958. Forschungsinst. für Landwirtsch. des Hohen Nordens.) 5302

Anonym: **Zwei Wege, um Nerze am Betreten der Futterbretter zu hindern.** (Two ways to keep mink out of trays.) (Amer. Fur Breeder 32. Nr. 1. 13. Jan. 1959.) 5302

Anonym: **Wie man Trognester baut.** (How he built a through nester.) (Amer. Fur Breeder 32. Nr. 1. 16—17. 44. 46. Jan. 1959.) 5302

FRITZ SCHMIDT: **Anerkennungsbestimmungen für Nerz-Stammzuchten.** (Dtsch. Pelztierzüchter 32. 181—83. 1/11. 1958.) 5302

LUTBERT BETTIN: **Argentinien führend in der Nutriazucht — 300 000 Farmfelle — verschiedene Mutationen.** (Dtsch. Pelztierzüchter 33. 77—78. 1/4. 1959. Monschau/Eifel.) 5310

Anonym: **Die Geschichte der Chinchilla-Zucht.** (Chinchilla-Zucht 1. 6. Jan. 1958.) 5325

Anonym: **Chinchillazucht in der Welt.** (Chinchilla-Zucht 1. 9. Jan. 1958.) 5325

HARRY ECKARDT: **Charakteristische Merkmale aller drei Chinchilla-Arten.** (Chinchilla-Zucht 1. 6—9. Jan. 1958. Darmstadt.) 5325

HARRY ECKARDT: **Chinchillafütterung.** (Chinchilla-Zucht 2. 2—5. Jan. 1959.) 5325

Anonym: **Identifizierung von Chinchillas.** (Chinchilla-Zucht 1. 3—5. Jan. 1958.) 5325

G. LINDNER: **Tätowierung.** (Chinchilla-Zucht 1. 136—38. Dez. 1958.) 5325

CH. HERGENHAHN: **Wie tötet man Chinchillas?** (Chinchilla-Zucht 1. 109—10. Okt. 1958.) 5325

HARRY ECKARDT: **Körungssysteme.** (Chinchilla-Zucht 1. 18—23. Febr.; 34—39. März/Apr.; 76—81. Juli; 92—95. Aug. 1958. Darmstadt.) 5325

ED. MAUNTON: **Das Abziehen und Aufspannen von Biberfellen.** (Skinning and stretching beaver.) (New York State Conservationist 12. Nr. 4. 39. Febr./März 1958.) 5325

System-Nr.

Bienen

N. FOTI: **Wissenschaftliche Arbeit auf dem Gebiet der Bienenzucht in der Volksrepublik Rumänien.** ((Научная деятельность в области пчеловодства Румынской Народной Республики.) (Пчеловодство [Bienenzucht] **35.** Nr. 10. 55—57. Okt. 1958.) 5402

N. M. GLUSHKOV: **Über die Bienenhaltung in der UdSSR und ihre Auswirkung hinsichtlich der Pflanzen-Bestäubung.** (Problems of beekeeping in the U.S.S.R. in relation to pollination.) (Bee Wld. **39.** 81—92. Apr. 1958. Rybnoe, Ryazan Province, U.S.S.R., Beekeeping Res. Inst.) 5402

JU. M SALESSKI: **Wie sieht die Biene?** (Ю. М. Залесский.) (Как видит пчела?) (Пчеловодство [Bienenzucht] **35.** Nr. 11. 32—41. Nov. 1958.) 5425

S. E. DIXON und R. W. SHUEL: **Arbeiten zur Bedeutung des Weiselfuttersaftes bei der Entwicklung der Honigbiene. 1. Mitt. Änderung in der Zusammensetzung des Weiselfuttersaftes, gemessen mit dem „Cartesian-Eintauch-Respirationsapparat“.** (Studies in the mode of action of royal jelly in honeybee development. I. Changes occuring in fresh royal jelly determined by Cartesian diver respirometry.) (Canad. J. Zool. **36.** 197—204. Apr. 1958. Guelph, Ontario Agric. Coll., Dep. of Entomol. and Zool.; Dep. of Apicult.) 5425

J. B. FREE: **Das Verhalten der Honigbienen, wenn ihre Beute an einen neuen Standort gebracht wird.** (The behaviour of honeybees when their hive is moved to a new site.) (Bee Wld. **39.** 109—15. Mai 1958. Harpenden, England, Rothamsted Exp. Stat., Bee Res. Dep.) 5435

FRIEDRICH RUTTNER: **Farbe und Leistung bei der Carnica.** (Dtsch. Bienenwirtsch. **9.** 258—60. Dez. 1958. Lunz am See, Außenstelle der Bundesanst. für Bienenkunde, Wien.) 5455

JA. T. KORJUKIN: **Saures Beifutter für Bienen** (Я. Т. Корюкин.) (Кислая подкормка пчел.) (Пчеловодство [Bienenzucht] **35.** Nr. 11. 21—23. Nov. 1958. Morschansk.) 5494

Anonym: **Durch Bienenbesuch — mehr Wein.** (Dtsch. Bienenwirtsch. **9.** 147—48. Aug. 1958.) 5496

A. S. C. DEANS: **Die Bewertung von Honig auf Ausstellungen.** (On showing honey.) (Scott. Beekeeper **34.** 104—05. Juni 1958.) 5496

G. D. WARLAMOW: **1 400 000 Rubel Einnahme aus der Imkerei.** (Г. Д. Варламов.) (Миллион четыреста тысяч рублей дохода с пасеки.) (Пчеловодство [Bienenzucht] **35.** Nr. 11. 8—9. Nov. 1958.) 5496

CHR. GRAZE: **Die Entwicklung der Bienenzuchtgeräte-Industrie.** (Dtsch. Bienenwirtsch. **9.** 238—40. Nov. 1958. Endersbach.) 5520

R. JORDAN: **Bienenhäuser können Eiskeller sein.** (Bienenvater [Wien] **79.** 35—40. Febr. 1958. Wien. Bundesanst. für Bienenkunde.) 5520

H.-G. SACHS: **Schaumkunststoffbeuten in Großerprobung. 1. und 2. Mitt. Versuchsbericht.** (Bienenpflege **1958.** 122—23. Juni; 273—77. Dez. Hohenheim.) 5520

K. POPPE: **100 Jahre deutsche Mittelwand. Am 1. Sept. 1858 führte Mehring erstmals die Mittelwand vor.** (Dtsch. Bienenwirtsch. **9.** 165—67. Sept. 1958. Lahr.) 5520

R. JORDAN: **Über das Herstellen von Wabenpräparaten.** (Bienenvater [Wien] **79.** 169—72. Juni 1958. Wien, Bundesanst. für Bienenkunde.) 5520

E. P. JEFFREE: **Ein geformtes Drahtnetz zur Zählung der Brut- und Pollenzellen auf Waben.** (A shaped wire grid for estimating quantities of brood and pollen in combs.) (Bee Wld. **39.** 115—18. Mai 1958. Aberdeen, Scotland, Marischal Coll., Bee. Res. Dep.) 5520

D. ROBERTS: **Verbesserte Methode zur Herstellung von Wabenhonig.** (Improved method of fitting wax foundation to sections in comb honey production.) (New Zealand J. Agric. **96.** 593—98. 16/6. 1958. Northland, Dep. of Agric.) 5520

System-Nr.

K. FRITZSCH: **Neuartige Bienentränken.** (Leipziger Bienenztg. **73.** 82—84. März 1959. Hartmannsdorf über Kirchberg.) 5520

FRITZ MÄDER: **Die insektenabstoßende Lampe als Lichtquelle in Bienenhäusern.** (Schweiz. Bienen-Ztg. [N. F.] **81.** 439—42. Okt.; 508—11. Nov. 1958. Spiegel-Bern.) 5520

A. FOSSEL: **Die Bedeutung der Edelkastanie als Honigspenderin in der Steiermark.** (Bienenvater [Wien] **79.** 46—49. Febr. 1958. Aigen im Ennstal, Steiermark.) 5530

JAROSLAW SWOBODA: **Bekämpfung von Infektionskrankheiten der Bienen.** (Int. Z. Landwirtsch. **1957.** Nr. 4. 98—108.) 5555

FERDINAND BERAN: **Anwendung von Pflanzenschutzmitteln und Bienenschutz.** (Anz. Schädlingskunde verein. Schädlingsbekämpf. **31.** 97—101. Juli 1958. Wien, Bundesanst. für Pflanzenschutz.) 5555

L. BAILEY: **Neue Untersuchungen über die Europäische Faulbruterkrankung.** (Recent research on the natural history of European foul brood disease.) (Bee Wld. **40.** 66—70. März 1959. Harpenden, England, Rothamsted Exp. Stat., Bee Res. Dep.) 5560

WL. FERDINAND BRÜCKNER: **Ökonomie in der Imkerei.** (Bienenvater [Wien] **79.** 184—87. Juni; 229—33. Juli/Aug. 1958. Österr. Imkerbund.) 5590

L. I. MARTSCHENKO: **Geben wir der Heimat mehr Honig.** (Л. И. Марченко.) (Дадим родине больше меда.) (Пчеловодство [Bienenzucht] **25.** Nr. 11. 4—8. Nov. 1958.) 5590

Seidenraupen

TAKEO TAKAMI: **Die In-Vitro-Kultur von Embryonen des Seidenspinners, Bombyx mori L. 1. Mitt. Kultur im Extrakt von Seidenspinnereiern mit besonderer Berücksichtigung einiger bezeichnender Merkmale des diapausierenden Eies.** (In vitro culture of embryos in the silkworm, Bombyx mori L. I. Culture in silkworm egg extract, with special reference to some characteristics of the diapausing egg.) (J. exp. Biology **35.** 286—96. Juni 1958. Suginami, Tokyo, Physiol. Dep., Sericult. Exp. Stat.) 5656

NARUMI YOSHITAKE: **Untersuchungen über die isoallelen Gene bei der Seidenraupe, Bombyx mori L. I. Mitt. Mutante Isoallele im $+^{w1}$-Locus.** (Studies on the isoallelic genes in the silkworm, Bombyx mori L. I. Mutant isoalleles at the $+^{w1}$ gene locus in the silkworm.) (Jap. J. Genetics **33.** 81—86. März 1958.) 5660

N. YOSHITAKE: **Untersuchungen über isoallele Gene bei der Seidenraupe. Bombyx mori. 2. Mitt. Mutante Allele im $+^{w3}$-Lokus der Seidenraupe.** (Studies on the isoallelic genes in the silkworm, Bombyx mori L. II. Mutant isoalleles at the $+^{w3}$-gene locus in the silkworm.) (Jap. J. Genetics **33.** 102—06. Apr. 1958.) 5660

KIYOSI AOKI: **Die Bekämpfung der Kalksucht.** (Control of the muscardines.) (Rev. Ver à Soie **10.** 295—314. Okt./Dez. 1958. Suginami, Tokyo, Japan, Minist. of Agric. and Forestry, Sericult. Exp. Stat., Div. of Pathol.) 5680

D. P. RAICHOUDHURY: **Eine kurze Notiz über die Untersuchung der „Tukra-Krankheit" der Maulbeere (Morus Spp.), verursacht durch Phenococcus hirsutus Gr. (Coccidae).** (A short note on the study of „tukra diseases" of mulberry [Morus spp.] caused by Phenococcus hirsutus Gr. [Coccidae].) (Rev. Ver à Soie **10.** 315—19. Okt./Dez. 1958. Berhampore, West Bengal, India, Central Sericultural Res. Stat.) 5685

VERA MIKHAILOVA: **Über die Arbeiten der Internationalen Technischen Seidenbaukonferenz in Alès (Mai 1955).** (A propos des travaux de la Conférence Technique Séricicole Internationale d'Alès/[Mai 1955].) (Rev. Ver à Soie **10.** 323—42. Okt./Dez. 1958. Moscou, Minist. de l'Agric., Direction de la Sériciculture.) 5690

Aus: Tierernährung

System-Nr.

S. KRISHNAMURTHY, P. SESHADRI SASTRY und J. GANGULY: **Untersuchungen über Vitamin-A-Esterase. 3. Mitt. Die intracelluläre Verteilung der Vitamin-A-Esterase und Cholesterin-Esterase in der Kükenleber.** (Studies on vitamin A esterase. III. The intracellular distribution of vitamin A esterase and cholesterol esterase in chicken liver.) (Arch. Biochem. Biophysics **75**. 6—14. Mai 1958. Bangalore, Indian Inst. of Sci., Dep. of Biochem.) 7300

J. T. REID, C. C. BALCH und R. F. GLASCOCK: **Die Anwendung von Tritium, Antipyrin und N-acetyl-4-aminoantipyrin bei den Messungen des Körperwassers vom lebenden Kaninchen.** (The use of tritium, of antipyrene and of N-acetyl 4 amino-antipyrene in the measurement of body water in living rabbits.) (Brit. J. Nutrit. **12**. 43—51. 1958. Shinfield, Reading, Nat. Inst. for Res. in Dairying.) 7650

SIEGFRIED HARNISCH und MAX BECKER: **Neue Untersuchungen über die Gültigkeit und Exaktheit von Stickstoffbilanzen bei Stoffwechselversuchen an lebenden Tieren. 3. Mitt. Vergleich der aus der Bilanz errechneten N-Retention mit dem N-Ansatz bei jungen wachsenden Küken (Hähnchen) und Schweinen.** (Arch. Tierernähr. **8**. 420—32. 15/11. 1958. Kiel, Univ., Inst. für Tierphysiol. und Tierernährungslehre.) 7785

M. W. NEIL, D. G. WALKER und F. L. WARREN: **Fructose-Bildung in der Ziegen-Placenta.** (Fructose formation in goat placenta.) (Biochem. J. **65**. 35 P. März 1957. London, Hospital Med. Coll., Dep. of Biochem.) 7910

D. N. ROY und H. R. BIRD: **Förderung des Kükenwachstums durch Prolin.** (Stimulation of chick growth by proline.) (Poultry Sci. **38**. 192—96. Jan. 1959. Madison, Wis., Univ. of Wisconsin, Dep. of Poultry Husbandry.) 8042

D. S. CARVER: **Unterschiede in der Wirkung von Fettzusätzen auf die Pigmentierung, das Wachstum und die Futterverwertung von Masthähnchen.** (Variation in the effects of fat supplements on broiler pigmentation, growth and feed conversion.) (Poultry Sci. **38**. 71—76. Jan. 1959. Indianola, Iowa, General Mills, Inc., Larro Res. Farm.) 8066

ROBERT JOHN EVANS, SELMA L. BANDEMER und J. A. DAVIDSON: **Pflanzenöle in Futtermischungen für Legehennen.** (Vegetable oils in rations for laying hens.) (Poultry Sci. **37**. 977—78. Juli 1958. East Lansing, Michigan State Univ. of Agric. and Applied Sci., Dep. of Agric. Chem.; Dep. of Poultry Husbandry.) 8066

DAVID KRITCHEVSKY, WILSON C. GRANT, M. J. FAHRENBACH, B. A. RICCARDI und R. F. J. Mc CANDLESS: **Der Einfluß der Kohlenhydrate im Futter auf den Cholesterin-4-^{14}C-Stoffwechsel bei Küken.** (Effect of dietary carbohydrate on the metabolism of cholesterol-4-C^{14} in chickens.) (Arch. Biochem. Biophysics **75**. 142—47. Mai 1958. Pearl River, N. Y., Amer. Cyanamid Company, Res. Div.) 8068

JAMES D. BLOCK: **Die Einflüsse der Behandlung und der Futteraufnahme auf die Plasma-Elektrolyte.** (Effects of handling and eating on plasma electrolytes.) (Science [Washington] **127**. 1056—57. 2/5. 1958. Ithaca, N. Y., Cornell Univ., Cornell Behavior Farm Lab.) 8100

M. C. NESHEIM und M. L. SCOTT: **Über die Wirkung von Selen bei der Kükenernährung.** (Studies of the nutritive effects of selenium for chicks.) (J. of Nutrit. **65**. 601—18. 10/8. 1958. Ithaca, N. Y., Cornell Univ., Graduate School of Nutrit., Agric. Exp. Stat.) 8124

B. L. O'DELL, P. M. NEWBERNE und J. E. SAVAGE: **Die Bedeutung von Zink im Futter für heranwachsende Küken.** Significance of dietary zinc for the growing chicken.) (J. of Nutrit. **65**. 503—18. 10/8. 1958. Columbia, Univ. of Missouri, Dep. of Agric. Chem. and Poultry Husbandry.) 8127

W. H. Mc CLUSKEY und L. E. JOHNSON: **Die Wirkung der Wasserzuteilung auf die Entwicklung der Küken.** (Effect of water space upon chick performance.) (Poultry Sci. **37.** 729—30. Mai 1958. Corvallis, Oregon Agric. Exp. Stat., Dep. of Poultry Husbandry.) 8129

F. D. WHARTON, jun., J. C. FRITZ und R. B. SCHOENE: **Der Einfluß einer an Eintagsküken und Hühnern verabfolgten oralen Dosis von Vitaminen und einem Antibioticum auf Wachstum und Lebensfähigkeit.** (The effect of an oral dose of vitamins and antibiotic given day old chicks and poults on growth and viability.) (Poultry Sci. **37.** 939—44. Juli 1958. Chicago, Ill., Dawe's Lab.) 8150

ROBERT L. SQUIBB, J. EDGAR BRAHAM und GUILLERMO ARROYAVE: **Resorptionsrate von Vitamin A bei New Hampshire Legehennen, die 20° und 36° C-Temperaturen unterworfen wurden.** (Rate of vitamin A absorption in New Hampshire laying hens subjected to 20° and 36° C. temperatures.) (Poultry Sci. **37.** 932—34. Juli 1958. Guatemala, Inst. de Nutrición de Centro America y Panama.) 8152

S. V. AMATO und H. M. SCOTT: **Weitere Untersuchungen über Ernährungsfaktoren, die den Grad der Vitamin-E-Mangelsymptome bei Küken beeinflussen.** (Further studies on nutritional factors influencing the expression of vitamin E deficiency symptoms in chicks.) (Poultry Sci. **38.** 176—80. Jan. 1959. Urbana, Ill., Illinois Agric. Exp. Stat.) 8156

HARRIS ROSENKRANTZ: **Untersuchungen über den Vitamin-E-Mangel. 4. Mitt. Der Einfluß von Steroid-Hormonen auf die Skelettmuskeln von Kaninchen.** (Studies in vitamin E deficiency. IV. The influence of steroid hormones on rabbit skeletal muscle.) (J. biol. Chemistry **234.** 35—39. Jan. 1959. Shrewsbury Mass., Worcester Foundation for Exp. Biol.) 8156

K. H. MENKE: **Untersuchungen über das Stoffwechselverhalten des Kobalts und des Vitamins B_{12} im Huhn sowie über die Biosynthese des Vitamins B_{12} nach oraler Verabreichung von organischem Kobalt.** (Arch. Geflügelkunde **23.** 32—38. Jan. 1959. Bonn, Univ., Inst. für Tierzucht und Tierfütterung.) 8158

NANCY A. FISCHER, EVA M. BENSON und MARIAN E. SWENDSEID: **Die Verteilung von Vitamin B_{12} im Ei während des Brutprozesses.** (The distribution of vitamin B_{12} in the developing chick egg.) (Arch. Biochem. Biophysics **74.** 458—64. Apr. 1958. Los Angeles, Univ. of California, Dep. of Home Economics.) 8158

WALTHER H. OTT, ALICE M DICKINSON, ANN VAN INDERSTINE, ALVA W. BAZEMORE, ATWOOD C. PAGE, jun. und KARL FOLKERS: **Auf Vitamin B_{13} gerichtete Studien.** (Studies related to „vitamin B_{13}".) (J. of Nutrit. **64.** 525—31. 10/4. 1958. Rahway, N. J., Merck Sharp and Dohme Res. Lab.; Merck Inst. for Therapeutic Res.) 8158

A. N. HOWARD und B. J. CONSTABLE: **Der Stoffwechsel des adrenocorticotropen Hormons und der Ascorbinsäure beim Küken.** (The metabolism of adrenocorticotrophic hormone and ascorbic acid in the chick.) (Biochem. J. **69.** 501—05. Aug. 1958. Cambridge, Univ., Med. Res. Council, Dunn Nitrit. Lab.) 8175

ALISTER CRAIG, BRIAN FOX und HAROLD JACKSON: **Stoffwechsel und Stoffwechselwirkung von Thyroglobulin.** (Metabolism and metabolic effects of thyroglobulin.) (Nature [London] **180.** 195—96. 27/7. 1957. Manchester, Holt Radium Inst.; Christie Hospital, Dep. of Exp. Radiation Therapeutics.) 8175

C. F. PETERSEN, E. A. SAUTER, D. H. CONRAD und G. J. ANDERSON: **Der Einfluß von Penicillin im Futter weißer Leghorn-Hennen auf Legeleistung und Qualität der Eierschalen.** (The influence of penicillin in the diet of white leghorn hens upon production and shell quality of eggs.) (Poultry Sci. **37.** 796—801. Juli 1958. Moscow, Univ. of Idaho, Dep. of Poultry Husbandry.) 8185

H. G. JUKES, D. C. HILL und H. D. BRANION: **Der Einfluß von Penicillin auf die Schlachtkörperzusammensetzung des Kükens.** (Effect of penicillin on the carcass composition of the chicken.) (Poultry Sci. **36.** 423—25. März 1957. Guelph, Ontario, Canada, Ontario Agric. Coll., Dep. of Nutrit.) 8185

System-Nr.

A. K. HALAMA: **Inaktiviertes Penicillin in der Kükenfütterung.** (Bodenkultur [Wien] **10.** 98—102. März 1958. Wien.) 8185

JAMES McGINNIS, LOUIS H. MERRILL, RAMON E. FRY und LEO S. JENSEN: **Zweckmäßigkeit der Verwendung von Antibiotica in Beziehung zu ihrer Wirksamkeit in der Wachstumsförderung von Truthühnern.** (Use-history of antibiotics as related to their efficacy in promoting growth of turkeys.) (Poultry Sci **37.** 810 bis 813. Juli 1958. Pullman, State Coll. of Washington, Dep. of Poultry Sci.) 8185

R. W BERDITSCHEWSKI: **Die kombinierte Anwendung von Penicillin und Biomycin in der Kükenaufzucht.** (Р. В. Бердичевский.) (Комплексное применение пенициллина и биомицина при выращивании.) (Птицеводство [Geflügelzucht] **9.** Nr. 2. 33—34. Febr. 1959. Kaliningrad, Landwirtsch. Versuchsstat.) 8185

W. K. WARDEN und PHILIP J. SCHAIBLE: **Die Wirkung der Gibberellin-Säure im Kükenfutter.** (Effect of gibberellic acid in broiler-starter rations.) (Poultry Sci. **37.** 490—91. März 1958. East Lansing, Michigan State Univ., Dep. of Poultry Husbandry.) 8195

P. STEINEGGER und G. ZANETTI: **Die Wirkung einer Zulage von Nitrophenid und Aureomycin auf das Wachstum von Küken und Mastpoulets.** (Geflügelhof [Zollikofen-Bern] **21.** 149—50. 28/2. 1958. Zollikofen, Schweiz. Geflügelzuchtschule.) 8195

N. V. HELBACKA, G. D. QUIGLEY und C. S. SHAFFNER: **Die Wirkung von Malathion auf die Eiqualität.** (The effect of malathion on egg quality.) (Poultry Sci. **37.** 728—29. Mai 1958. College Park, Univ. of Maryland, Poultry Dep.) 8195

D. L. ANDERSON, F. W. HILL und RUTH RENNER: **Untersuchungen über die umsetzbare und produktive Energie des Traubenzuckers beim wachsenden Küken.** (Studies of the metabolizable and productive energy of glucose for the growing chick.) (J. of Nutrit. **65.** 561—74. 10/8. 1958. Ithaca, N Y., Cornell Univ., Graduate School of Nutrit., Agric. Exp. Stat.) 8215

A. R. KUIT: **Eiweißgehalt und Energiewert im Futter für Schlachtküken.** (Over de hoeveelheid eiwit en energie in het voeder voor slachtkuikens. (Tijdschr. Diergeneeskunde **83.** 953—58. 1/10. 1958. Beekbergen, Inst. voor de Pluimveeteelt „Het Spelderholt".) 8544

HENRY L. FULLER: **Der Wert von Granit- und Marmorgrit für heranwachsende Küken und Legehennen, die mit Alleinfutter im Vergleich mit gemischter Fütterung versorgt wurden.** (The value of granite and marble grit for growing chickens and laying hens fed all-mash versus mash and grain diet.) (Poultry Sci. **37.** 1136—43. Sept. 1958. Athens, Ga., Univ. of Georgia, Dep. of Poultry Husbandry.) 8544

DEWEY JOHNSON, jun. und HANS FISHER: **Der Aminosäurenbedarf der Legehennen. 4. Mitt. Bestätigung der unteren Grenzwerte für essentielle Aminosäuren an natürlichen Futterstoffen.** (The amino acid requirement of laying hens. IV. Supplying minimal levels of essential amino acids from natural feed ingredients.) (Poultry Sci. **38.** 149 **52.** Jan. 1959. New Brunswick, N. J., Rutgers Univ., Dep. of Poultry Sci.) 8548

R. B. GAPUZ, G. Z. CARREON und H. R. PARADO: **Vergleichende Untersuchung über die Verwendung von Blattmehl aus dornigem Makahiya (Mimosa pudica Linn.), dornlosem Makahiya (Aeschynomene americana Linn.) und Ipil-Ipil für wachsende Küken.** (A comperative study on the leaf meal from thorny makahiya, thornless makahiya, and ipil-ipil on the growth of chicks.) (Araneta J. Agric. **4.** Nr. 3. 78—83. Juli/Sept. 1957.) 8930

H. VOGT: **Möglichkeiten des Roggeneinsatzes in der Geflügelfütterung.** (Futter u. Fütterung **10.** 12—13. Febr. 1959.) 8990

R. W. GERRY: **Ein Beitrag über den Nährwert einer Varietät von „James' spelzenlosem Hafer" für Küken.** (A study of the value of James variety hulless oats for

System-Nr.

chickens.) (Poultry Sci 37. 136—42. Jan. 1958. Orono, Maine Agric. Exp. Stat., Dep. of Poultry Husbandry.) 8990

G. H. ARSCOTT, W. H. McCLUSKEY und J. E. PARKER: **Die Verwendung von Gerste in Hochleistungs-Broilerrationen. 2. Mitt. Wirkung von stabilisiertem tierischen Fett und von Preßfutter auf die Futterverwertung und die Wasseraufnahme.** (The use of barley in high-efficiency broiler rations. II. Effect of stabilized animal fat and pelleting on efficiency of feed utilization and water consumption.) (Poultry Sci. 37. 117—23. Jan. 1958. Corvallis, Oregon State Coll., Dep. of Poultry Husbandry.) 8990

HAKKI S. TAMIMIE: **Versuche zur Verfütterung von Datteln und Dattel-Nebenprodukten an Küken.** (The effect of feeding dates und date pits to chicks.) (Wld. Poultry Sci. J. 14. 207—10. Juli/Sept. 1958. Abu-Ghraib, Iraq, Coll. of Agric.) 9010

RAM NARAIN, CARL M. LYMAN und J. R. COUCH: **Beziehungen zwischen ansteigendem Proteingehalt im Legemehl und der Übertragung von Gossypol-Cephalin auf das Ei.** (Effect of increased protein level in the hen diet on the transfer of gossypol-cephalin to the egg.) (Poultry Sci. 37. 893—96. Juli 1958. College Station, Texas Agric. Exp. Stat., Dep. of Poultry Sci.; Dep. of Biochem.; Dep. of Nutrit.) 9170

M. FINDRIK und F. DUMANOVSKY: **Blutmehl in der Kükenmast.** (Upotreba krvnog brašna u tovu pilića.) (Veterin. Arh. [Zagreb] 27. 88—94. 1957. Zagrebu, Iz Zavoda za stočarstvo i hranidbu domaćih životinja Veterin. Fak. Sveučilišta.) 9220

K. J. CARPENTER: **Veränderungen in gelagertem Heringsmehl. 1. Mitt. Der Nährwert des Proteins.** (Changes in stored herring meal. I. Nutritive value of the protein.) (Proc. Nutrit. Soc. 17. XXVIII—XXIX. 1958. Cambridge, Univ., School of Agric.) 9230

C. H. LEA und L. J. PARR: **Veränderungen in gelagertem Heringsmehl. 2. Mitt. Oxydation der Lipide.** (Changes in stored herring meal. II. Oxidation of the lipids.) (Proc. Nutrit. Soc. 17. XXIX—XXX. 1958. Cambridge, Univ., Dep. of Sci. and Ind. Res. Low Temperature Stat. for Res. in Biochem. and Biophysics.) 9230

R. COLES: **Weitere Studien über den Einfluß von Fischmehl auf die Schlupffähigkeit von Hühnereiern.** (Further studies on fishmeal and the hatching rates of hen's eggs.) (J. agric. Sci. 49. 95—99. Mai 1957.) 9230

CHRISTO PENTSCHEW, MARKO KOLEW und JORDAN DONEW: **Mischfuttermittel und ihre Bedeutung für die Entwicklung der Tierzucht.** (Христо Пенчев, Марко Колев и Йордан Донев.) (Комбинираните фуражи и значението им за развитието на животновъдството.) (Селскостопанска Мисъл (София) [Landwirtsch. Bl. (Sofia)] 3. 283—90. 1958. Plewen, Bulgarien, Inst. für Futtermittelforsch.; Dolna Mitropolija, Kreis Plewen, Kirow-Werk für Mischfuttermittel.) 9310

S 10/59

FSC
www.fsc.org
MIX
Papier | Fördert gute Waldnutzung
FSC® C083411

Zeitfracht Medien GmbH
Ferdinand-Jühlke-Straße 7
99095 Erfurt, Deutschland
produktsicherheit@kolibri360.de